浙闽沿海台风暴雨型地质灾害精细调查与风险管控项目(DD20221742)资助

宁波市地质灾害风险防范区成灾条件区划及风险管控

NINGBO SHI DIZHI ZAIHAI FENGXIAN FANGFANQU
CHENGZAI TIAOJIAN QUHUA JI FENGXIAN GUANKONG

高　峰　张弘怀　张泰丽　孙　强　等著

图书在版编目(CIP)数据

宁波市地质灾害风险防范区成灾条件区划及风险管控/高峰等著. —武汉:中国地质大学出版社,2024.7. —ISBN 978-7-5625-5783-8

Ⅰ. P694

中国国家版本馆 CIP 数据核字第 2024MD4299 号

宁波市地质灾害风险防范区成灾条件区划及风险管控		高 峰 等著
责任编辑:周 豪	选题策划:谢媛华	责任校对:宋巧娍
出版发行:中国地质大学出版社(武汉市洪山区鲁磨路388号)		邮编:430074
电 话:(027)67883511	传 真:(027)67883580	E-mail:cbb@cug.edu.cn
经 销:全国新华书店		http://cugp.cug.edu.cn
开本:787毫米×1092毫米 1/16	字数:301千字	印张:11.75
版次:2024年7月第1版		印次:2024年7月第1次印刷
印刷:武汉中远印务有限公司		
ISBN 978-7-5625-5783-8		定价:98.00元

如有印装质量问题请与印刷厂联系调换

《宁波市地质灾害风险防范区成灾条件区划及风险管控》编委会

高　峰　张弘怀　张泰丽　孙　强　孙丽影
伍剑波　常晓军　龚新法　邱昌骏　张义顺
卓榆航　刘正华　朱延辉　葛民荣　史洪峰
史绪山　姚辉磊　韩　帅

前 言

随着科学技术日新月异,地质灾害防治能力提升,地质灾害实现人防-技防、地质灾害隐患-地质灾害风险双控管理转型升级。2019年以来地质灾害风险防范区成为地质灾害管控新的目标,因此,浙江省宁波市开展了地质灾害风险防范区新一轮技术及管理的探索,取得了一系列成效,在我国东南沿海地区具有重要的推广意义。

宁波市地质灾害具有规模小、风险大的特点,受台风暴雨、极端气候影响,给宁波市人民生命财产和国家基础设施安全造成极大危害,并严重制约经济和生态的健康持续发展。宁波市地质灾害管理部门组织研究机构及地勘单位对宁波市地质灾害风险防范区开展了一系列系统化研究,建立了地质灾害风险防范区管理系统化机制,实现了智能化、集约化管理。本书在系统分析地质灾害及地质灾害风险防范区发展史的基础上,研究了宁波市地质灾害及地质灾害风险防范区发育分布规律、成灾机制,精细刻画了地质条件与成灾的相关性,提出了基于地质体的8个关键成灾指标(坡度、坡向、坡形、起伏度、断层、工程地质岩组、人类工程、土地开发强度),采用确定性系数法(CF)和层次分析法(AHP)相结合的综合评价体系,对宁波市开展了地质灾害风险防范区成灾条件区划。利用宁波市4种地质灾害(滑坡、崩塌、坡面泥石流和沟谷泥石流)10个降雨时段(1h、3h、6h等)的权重体系变化特征分析,提出了不同地质灾害风险防范区红色、橙色、黄色3类预警预报阈值;介绍了宁波市自然资源和规划局自主开发的地质灾害防御场景数字化动态管理平台和宁波市"地灾智防"App,全面实现地质灾害风险防范区管理信息化,预警预报自动化、共享化;同时介绍了宁波市正在实施的地质灾害风险防范区管理措施,总结了取得的成效,助力宁波市全力打造地质灾害风险防范区管控技术与管理一体化发展机制。

限于作者水平,加之时间有限,书中不足之处在所难免,敬请读者批评指正。

著者
2024年1月

目 录

- 第1章 地质灾害风险防范区管控历史及现状 ·· (1)
  - 1.1 地质灾害防治工作历程 ··· (1)
  - 1.2 地质灾害风险防范区管控现状 ·· (3)
- 第2章 宁波市地质环境条件 ·· (4)
  - 2.1 气象水文 ·· (4)
  - 2.2 地形地貌 ·· (5)
  - 2.3 地层岩性 ·· (9)
  - 2.4 地质构造 ··· (12)
  - 2.5 新构造运动与地震 ··· (13)
  - 2.6 水文地质 ··· (15)
  - 2.7 工程地质 ··· (15)
  - 2.8 人类工程活动 ··· (16)
- 第3章 地质灾害及地质灾害风险防范区发育分布特征 ································· (18)
  - 3.1 地质灾害发育分布特征 ··· (18)
  - 3.2 地质灾害风险防范区分布特征 ··· (23)
  - 3.3 地质灾害风险防范区地质环境条件 ··· (26)
  - 3.4 地质灾害风险防范区危害性特征 ··· (31)
- 第4章 地质灾害形成关键地质体指标分析 ··· (33)
  - 4.1 地形地貌与地质灾害 ··· (33)
  - 4.2 地质构造与地质灾害 ··· (40)
  - 4.3 工程地质岩组与地质灾害 ··· (41)
  - 4.4 人类工程活动与地质灾害 ··· (43)
  - 4.5 地质体关键指标选取 ··· (45)
- 第5章 地质灾害成灾模式 ·· (49)
  - 5.1 滑坡成灾模式 ··· (49)
  - 5.2 崩塌成灾模式 ··· (51)
  - 5.3 泥石流成灾模式 ··· (53)
- 第6章 地质灾害风险防范区成因机制 ··· (55)
  - 6.1 南岚村村委会南风险防范区 ··· (55)
  - 6.2 弥陀禅寺后山风险防范区 ··· (67)

Ⅲ

6.3	逐步村风险防范区	(75)
第7章	**地质灾害风险防范区成灾条件区划**	**(84)**
7.1	区划原则	(84)
7.2	区划指标体系	(85)
7.3	评价区划标准	(86)
7.4	区划技术方法	(86)
7.5	评价区划结果	(90)
第8章	**地质灾害风险防范区降雨阈值研究**	**(95)**
8.1	降雨阈值研究技术方法	(96)
8.2	不同类型地质灾害的诱发降雨阈值	(104)
8.3	宁波市地质灾害风险防范区临界阈值计算	(116)
8.4	宁波市风险防范区临界降雨阈值结果分析及修正	(116)
第9章	**地质灾害风险防范区动态管理数字化应用**	**(120)**
9.1	地质灾害防御场景数字化动态管理平台	(120)
9.2	宁波"地灾智防"App端	(145)
第10章	**地质灾害风险防范区风险管控措施**	**(158)**
10.1	地质灾害风险防范区管理目标	(158)
10.2	地质灾害风险防控"平战"结合工作体系	(159)
10.3	地质灾害风险防范区平时管理	(160)
10.4	地质灾害风险防范区战时管理	(162)
10.5	地质灾害风险防范区源头管控	(163)
10.6	地质灾害风险防范区数字化管理	(164)
10.7	地质灾害风险防范区管理保障措施	(164)
第11章	**宁波市地质灾害风险管控成效总结及展望**	**(166)**
11.1	地质灾害风险管控成效	(166)
11.2	地质灾害风险管控展望	(174)
主要参考文献		**(176)**

第1章　地质灾害风险防范区管控历史及现状

1.1　地质灾害防治工作历程

从古代到近代，浙江历史上记载的地质灾害事件甚少。据《浙江通志·自然灾异志》记述，浙江首例地质灾害为山崩，发生于东汉永元元年。自此至民国时期，见有各种地质灾异记录141例，但早期记录稀疏，北宋以前仅见4例，元代2例，明代增至37例，清代最多，达84例，民国时期5例。其中涉及宁波地区地质灾害的相关记述更是少见，也说明民国以前对地质灾害的关注较少。

中华人民共和国成立后，尤其是改革开放以来，人口进一步增长，人类工程活动增多，宁波地区突发性地质灾害时有发生，其中80%以上的滑坡、泥石流、崩塌与不规范的人类工程活动有关。根据不同时期的地质灾害防治工作特点，浙江地区地质灾害防治大体可分为5个阶段。

1.1.1　地质灾害防治探索阶段(1950—1969年)

中华人民共和国成立之初，百废待兴，诸如交通要道、水库、电站、铁路等重大基础设施工程陆续开工建设，大规模的工程开发引发了滑坡、崩塌、泥石流等地质灾害，进而给工程建设带来了极大的困扰和阻碍。为有效防范地质灾害对工程建设的危害，铁路、交通、水利等部门先后成立了地质灾害防治研究的团队或机构，早期的大批学者投入地质灾害防治的研究实践中，开始了地质灾害防治的探索与工程应用。

1.1.2　地质灾害防治提升阶段(1970—1999年)

经过大约20年的工程地质灾害防治实践，积累了一定的经验，掌握了一些地质灾害形成规律，地质灾害防治工作重视程度不断增加。1989年，由国家科学技术委员会(现中华人民共和国科学技术部)、地质矿产部共同发起和组织的"全国地质灾害防治工作会议"召开，标志着地质灾害防治进入了新阶段。为配合国际减灾十年行动，1990年地质矿产部、国家计划委员会(现国家发展和改革委员会)、国家科学技术委员会联合向各省(区、市)和有关部门印发了由地质矿产部组织编制的《全国地质灾害防治工作规划纲要(1990—2000年)》，为全国地质灾害调查研究提供了重要指导。在此基础上，1999年国土资源部(现自然资源部)颁布实施《地质灾害防治管理办法》，并实行建设用地地质灾害危险性评估制度。

以行政区为单位的区域性地质灾害的研究工作始于 20 世纪 90 年代。该时期开展的 1∶50 万浙江省地质灾害调查，是浙江省首次对地质灾害进行较全面的摸底调查。

1.1.3 以人为本的地质灾害防治阶段(2000—2016 年)

2003 年 11 月，国务院颁布《中华人民共和国地质灾害防治条例》，浙江省地质灾害防治工作开始进入"灾害＋隐患管理"阶段。各地通过加强隐患调查、强化预警预报、开展群测群防、实施避让搬迁、进行工程治理等综合防灾手段防范地质灾害。

浙江省 2009 年 11 月在全国率先出台了《浙江省地质灾害防治条例》，构建了地质灾害防治规划体系，逐步形成了"地方负责、部门联动、专业指导、全民参与、群测群防"的地质灾害防治工作机制，标志着浙江省地质灾害防治工作正式纳入行政管理轨道。从那时起，浙江省开始探索突发性地质灾害防治管理模式。

自 2000 年以来，宁波市先后开展了 1∶10 万地质灾害调查与区划、1∶1 万乡(镇)地质灾害分布与易发区图册编制、小流域泥石流地质灾害调查与评价、农村山区地质灾害调查与评价等地质灾害调查工作。

1.1.4 "除险安居"三年行动(2017—2019 年)

丽水市受到地质灾害重创之后，浙江省转变防御思路，从被动发现到主动排查，从被动预防到主动预防，从被动排险到主动治理，从"慢查慢搬慢治"转向"即查即搬即治"。2017 年，浙江省启动地质灾害隐患综合治理"除险安居"三年行动(2017—2019 年)，加快推进地质灾害避让搬迁和工程治理，切实保障人民群众生命财产安全，并将基本消除 1000 处地质灾害隐患点列为 2017 年省政府十方面为民实事之一。

"除险安居"三年行动的目标任务是：按照"积极防灾、科学减灾、主动避灾""避让搬迁为主，搬迁和治理相结合"的思路及要求，通过避让搬迁和工程治理，到 2017 年底，全省减少地质灾害隐患点 1000 处以上。到 2019 年底，全省基本消除威胁 30 人以上的重大地质灾害隐患点 967 处，减少隐患点数量 3000 处以上，减少受威胁人数 10 万人以上，进一步健全地质灾害防治长效机制，全面提高地质灾害防治水平。

2017—2022 年，浙江省率先在全国实现了已查明重大地质灾害隐患基本清零的目标，并初步构建了地质灾害风险防控工作体系。

1.1.5 地质灾害风险双控阶段(2019 年至今)

2019 年以来浙江省地质灾害防治进入"风险管理"模式，"点""面"结合，降低灾害发生频率和危害程度。2019 年 8 月，浙江省"除险安居"三年行动进入冲刺阶段。台风"利奇马"带来的严重危害，再次让浙江痛定思痛，认真总结经验教训，查找防治短板和薄弱环节。随后，由自然资源、应急管理、水利、气象等省级部门组成的专题调研组，在开展调研的基础上，形成了《浙江省山区地质灾害防范防治专题调研报告》。该报告建议要强化地质灾害风险早期识别，加强地质灾害风险防范。2019 年 9 月之后，全省地质灾害风险管控工作进入省政府议事日程。

第1章 地质灾害风险防范区管控历史及现状

2020年8月,酝酿已久的《浙江省地质灾害"整体智治"三年行动方案(2020—2022年)》出台。该方案要求,建立"一图一网、一单一码,科学防控、整体智治"的地质灾害风险管控新机制,构建分区分类分级的地质灾害风险管理新体系,形成"即时感知、科学决策、精准服务、高效运行、智能监管"的地质灾害防治新格局。所谓风险管理,就是在基本消除地质灾害"点"的基础上,对可能发生地质灾害的"面",通过科学有效管控,降低灾害的发生频率和危害程度。同年,自然资源部在浙江开展地质灾害风险管理试点,由此开启了地质灾害防治工作从"隐患静态管理"向"动态风险管控"转变的新探索。

2019年至今为地质灾害整体智治阶段,宁波市内开展了不同尺度的地质灾害风险调查与评价工作,编制了宁波市地质灾害风险"一张图",完成了县(市、区)地质灾害风险普查工作,初步掌握了宁波市地质灾害风险隐患底数,厘清了风险防范区、隐患点、不稳定斜坡、承灾体(房屋和人员)分布位置和数量,提出了避险措施与建议。全市完成23个乡镇(街道)地质灾害风险调查评价(截至2021年12月),划定和评价地质灾害风险区与等级,重点圈划了风险防范区内的致灾体、承灾体分布范围,提出"一坡一卡"的风险管控对策措施。

1.2 地质灾害风险防范区管控现状

2019年,浙江省进入风险隐患双控试点阶段,2021年6月下发了《浙江省自然资源厅关于进一步规范全省地质灾害风险防范区管理的通知》(浙自然资规〔2021〕5号),2022年12月印发了《浙江省地质灾害风险隐患双控管理工作指南(第一版)》。根据地质灾害风险防范区普查及乡镇(街道)地质灾害风险调查评价成果,浙江省划定风险防范区16 931处,并将其纳入政府管理机制。为巩固省政府连续部署开展的地质灾害隐患综合治理"除险安居"三年行动和地质灾害"整体智治"三年行动成果,2023—2025年,全省开展地质灾害风险智控提能升级三年行动,建立、完善多手段风险识别、多层次监测预警、多方位应急处置、多形式综合治理、多维度管理创新、智能化数字管理六大体系,进一步提升地质灾害风险识别评估能力、监测预警能力、应急处置能力,升级地质灾害综合治理模式、"地灾智治"平台、管理创新体系,做到地质灾害隐患即查即治、地质灾害风险有效管控。

在浙江省风险双控试点的基础上,自然资源部于2023年在全国全面推行地质灾害"隐患点+风险区"双控。

第 2 章　宁波市地质环境条件

2.1　气象水文

2.1.1　气象

宁波市属亚热带季风气候,温暖湿润,四季分明,雨量充沛,日照充足。多年平均气温16.4℃,平均气温以 7 月最高,为 28.0℃,1 月最低,为 4.7℃,极端气温最高 41.3℃,最低 −10℃。西部山区多年平均年降水量一般为 1600~1800mm,沿海平原为 1300~1500mm,降水多集中于 5—6 月的梅雨期和 8—10 月的台风期,5—10 月降水量占全年降水量的 70% 左右。宁波市年平均气温地区分布如图 2-1 所示,宁波市年降水量地区分布如图 2-2 所示。

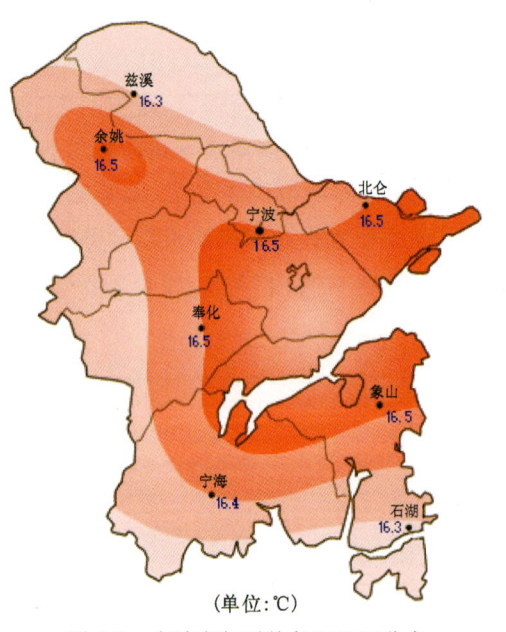

图 2-1　宁波市年平均气温地区分布

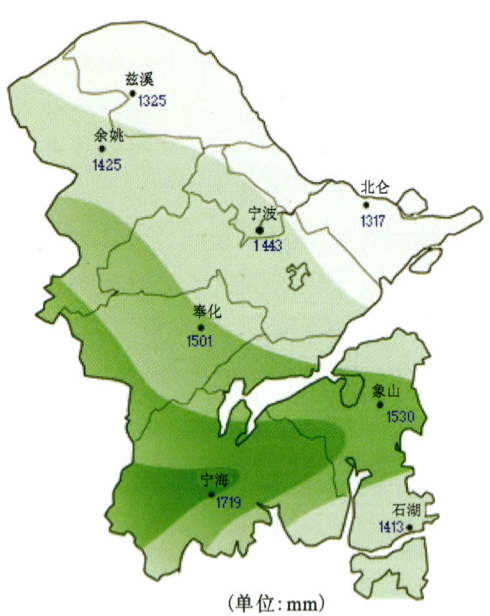

图 2-2　宁波市年降水量地区分布

2.1.2　水文

宁波市水系密布,由甬江流域和象山港、三门湾地区独流入海水系组成,主要河流有甬江、大嵩江、白溪、凫溪等。甬江由姚江、奉化江两大支流及其干流河段组成,是浙江省八大水系之一,流域面积4518km²;象山港沿岸入港的大小河流(溪流)有95条,均源近流短,其中流域面积在100km²以上的为大嵩江和凫溪;三门湾北岸入海的较大河流(溪流)有16条,其中流域面积在100km²以上的为青溪和白溪。

2.2 地形地貌

宁波市地处浙北平原区(Ⅲ)、浙东低山丘陵区(Ⅳ)、浙东南沿海丘陵平原及岛屿区(Ⅵ)(图2-3),地势总体西南高、北东低,西部主要为低山丘陵区,北部主要为平原区,东部则以沿海丘陵、平原及岛屿为主。构造控制着宁波境内的地貌轮廓,尤以新华夏系构造体系对本地区地貌格架形成起决定作用。在此基础上,宁波市在气候变化、海陆变迁以及各种外动力作用下逐步形成现代地貌景观。

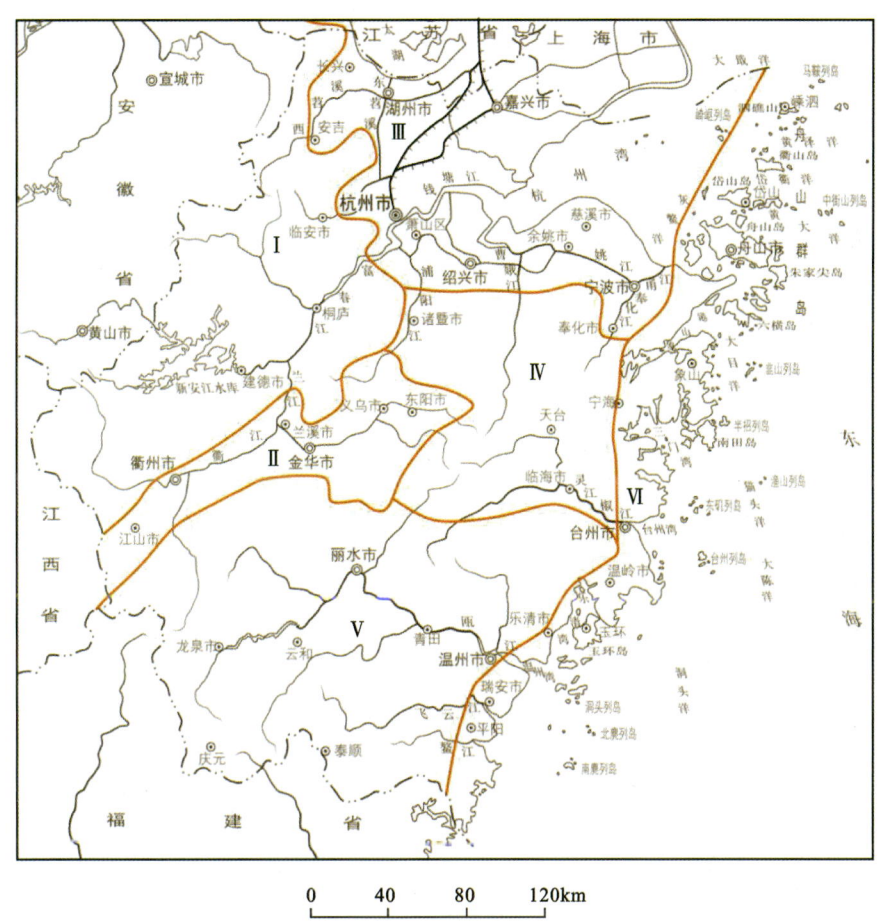

Ⅰ.浙西中山丘陵区;Ⅱ.浙中盆地区;Ⅲ.浙北平原区;Ⅳ.浙东低山丘陵区;
Ⅴ.浙南中山区;Ⅵ.浙东南沿海丘陵平原及岛屿区

图2-3 浙江省地貌分区图

地貌景观是地质时期内、外营力作用的结果。根据成因,结合形态,区内的地貌可分为 4 种主要类型,即构造侵蚀地貌、侵蚀剥蚀地貌、堆积地貌和海岸带地貌(图 2-4)。

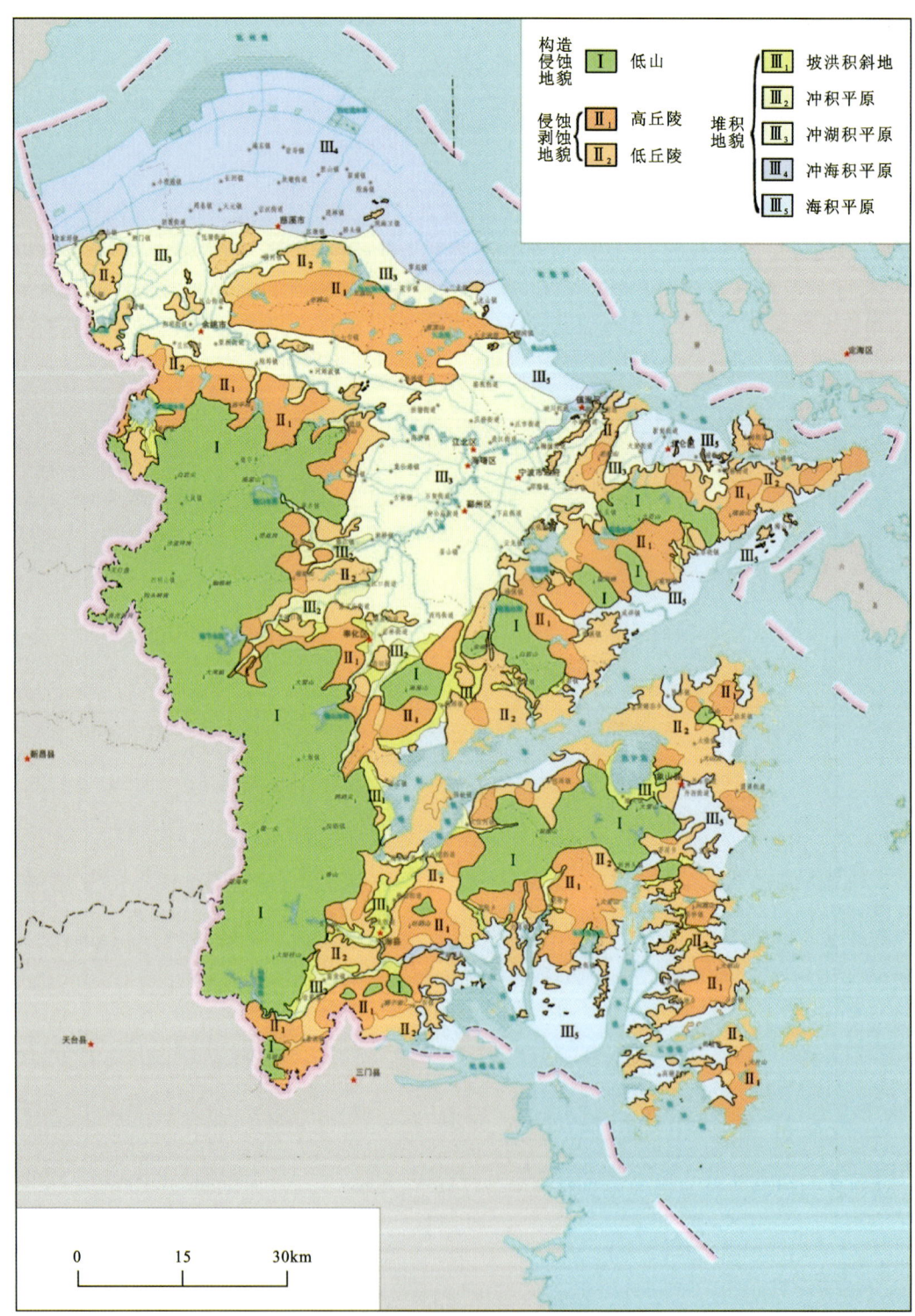

图 2-4　宁波市地貌分区示意图

2.2.1　构造侵蚀地貌

构造侵蚀地貌主要为低山地貌，分布在工作区西部，象山港北岸零星分布，由早白垩世中酸性或酸性熔结凝灰岩与沉积碎屑岩夹火山岩、新近纪的玄武岩、燕山晚期侵入的花岗岩组成。海拔 500～1000m，山体呈北东-南西走向，山脊呈尖脊状构成区内分水岭。低山区的山岭与谷底相对高差（切割深度）在 200～500m 之间，谷坡陡峻，一般坡度在 45°以上，谷形陡峭狭窄，发育有 V 型谷、U 型谷。谷底常有岩块堆积，河谷两侧悬崖陡壁，常见瀑布。

2.2.2　侵蚀剥蚀地貌

1. 高丘陵

高丘陵主要分布在低山外围慈溪北部，由中生代火山岩、火山碎屑岩夹沉积岩及新近纪玄武岩组成。海拔 300～500m，相对高差小于 200m，山脊走向与构造线方向基本一致，多呈北东向、北北东向延伸，构成连绵起伏的分水岭。由坚硬的酸性、中酸性火山碎屑岩组成的山顶呈尖棱状，形成的山坡坡度较陡，一般在 30°左右；由软硬相间的沉积碎屑岩组成的山顶则产状平缓，形成的山坡坡度较缓，一般在 20°左右。

2. 低丘陵

低丘陵主要分布在低山、高丘陵边缘及其附近的岛屿，由早白垩世中性熔岩、中酸性—酸性火山碎屑岩与沉积岩互层、沉积碎屑岩及新近纪的玄武岩组成。海拔在 300m 以下，切割深度浅，山脊呈波状起伏，山顶一般被长期剥蚀，呈浑圆状，山坡坡度较缓，溪流蜿蜒其间。

2.2.3　堆积地貌

1. 海积平原

海积平原主要分布在宁波平原、大碶平原的骆驼—镇海—穿山公路以北一带，组成物质以淤泥质黏土、粉质黏土为主，地势由陆向海微倾，孤丘星布其上。近期由于围垦造地和沿海工程兴建，海域范围缩小，平原不断扩大，海积平原成为重点开发区段。

2. 冲海积平原

冲海积平原主要分布在镇海甬江河口和余慈平原北部，组成物质以粉质黏土、砂质粉土、砂为主。甬江河口区域物质颗粒下粗上细，由河床中心向两侧变细，地势平坦，河流两侧均为人工堤护岸。余慈平原北部区域的物质由潮流和海浪作用堆积而成，形成于人类历史时期，分布着数道海堤，标志着不同的成陆年代。

3. 冲湖积平原

冲湖积平原主要分布于宁波平原、大碶平原穿山公路以南、余慈平原南部以及姚江谷底等区域，地势平坦，海拔在2m左右。除几条主要河流流入平原地势略高外，整个平原在全新世晚期为地势低洼的湖泊沼泽地，宁波平原尤甚，堆积了一套黏土、粉质黏土、泥炭地层。平原上河网密集，纵横交错，水网密度可达3km/km²。

4. 冲积平原

冲积平原主要分布在鄞江、剡溪、县江以及东江等较大的山间河谷一带。晚更新世冲积砂砾石层组成Ⅰ级堆积阶地，与全新世冲积砂砾石层为明显的侵蚀陡坎接触，坎高一般为1~2m；全新统组成河漫滩、浅滩和边滩，向下游逐渐开阔，多为粒度较细的砂沉积。

5. 坡洪积斜地

坡洪积斜地主要分布在山前地带，主要由更新世坡洪积含砾粉质黏土组成，多形成坡积裙或洪积扇，自后缘向前缘沉积物颗粒变细，前缘被冲积物覆盖。

2.2.4　海岸带地貌

海岸带地貌可进一步分为海岸地貌和潮间带地貌。

1. 海岸地貌

工作区为典型的海陆交互地带，岬角、海湾密迩相间，沿海岛屿众多，海岸线蜿蜒曲折。海岸可进一步分为基岩海岸、淤泥质海岸、砂砾质海岸以及人工海岸4种。基岩海岸主要分布在穿山半岛，岸线受北东向、北北东向和北西向构造线的控制，形成大小海湾与基岩岬角相互间隔的曲折海岸。淤泥质海岸是工作区海岸的主要类型，在沿岸几乎均有分布，由粉砂、黏土质粉砂和粉砂质黏土等细粒物质组成，大部分淤泥质海岸已转变成人工海岸，因而纯粹的淤泥质海岸比例变小。砂砾质海岸多分布在基岩岬角之间沿构造线方向发育的大大小小海湾中，主要分布在北仑春晓洋沙山一带。人工海岸为工程建设修建的大量护堤、养殖场等建筑以及围垦工程，目前为区内最主要的海岸类型，主要包括海塘和港口码头，广泛分布在区内各个岸段。

2. 潮间带地貌

潮间带地貌可进一步分为岩滩（石质滩）、海滩（砂砾滩）、潮滩（淤泥滩），在宁波市均有分布。岩滩（石质滩）主要分布在穿山半岛沿海山体延伸的岬角和小海湾。海滩（砂砾滩）仅在北仑春晓洋沙山附近有发育，规模不大，长度一般数百米，宽度一般数十米。潮滩（淤泥滩）分布范围最广，主要分布于杭州湾、宁波港的半封闭海湾内。

2.3 地层岩性

2.3.1 前第四纪地层

宁波市位于太平洋陆缘火山岩带的西南部浙闽粤中生代火山岩带北段丽水-余姚深断裂以东。按中国岩石地层区划属华南地层大区东南地层区沿海地层分区的浙东南小区内。工作区内地层主要为白垩纪火山-沉积岩系,尚有零星出露的早侏罗世火山岩和上新世玄武岩。

根据岩石地层单元的划分原则及各地层单元的岩性组合、火山旋回、沉积间断、接触关系和区域对比等综合考虑,工作区可划分为 10 个岩石地层单元,包括下侏罗统枫坪组(J_1f),下白垩统磨石山群大爽组(K_1d)、高坞组(K_1g)、西山头组(K_1x)、茶湾组(K_1c)、九里坪组(K_1j),下白垩统永康群方岩组(K_1f)、朝川组(K_1cc)、馆头组(K_1gt)以及新近系上新统的嵊县组(N_2s)。各地层的岩性及分布见表 2-1。

表 2-1 宁波市前第四纪地层岩性及分布简表

年代地层单位			岩石地层单位		地层代号	岩性特征简述	分布范围
界	系	统	群	组			
新生界	新近系	上新统		嵊县组	N_2s	深灰—灰黑色玄武岩、橄榄玄武岩,柱状节理发育,气孔构造或杏仁构造	江北慈城、余姚大岚—鹿亭一带
中生界	白垩系	下统	永康群	方岩组	K_1f	紫红色、灰紫色块状砾岩夹含砾砂岩、粉砂岩、钙质粉砂岩,局部夹流纹质玻屑凝灰岩	宁波平原西部鄞江—溪口、奉化锦屏一带
				朝川组	K_1cc	紫红色中厚层—块状中细粒砂岩、凝灰质砂岩夹粉砂岩、砾岩	奉化溪口—海曙鄞江—横街、姚江谷地一带
				馆头组	K_1gt	紫褐色、深灰色英安质玻屑熔结灰岩与灰紫色、灰绿色、灰白色中薄层中细粒砂岩、含砾粗砂岩互层	奉化溪口—余姚大岚—海曙章水一带,江北慈城零星出露
			磨石山群	九里坪组	K_1j	浅灰—灰白色、紫红色流纹岩、斑状流纹岩、石泡流纹岩、珍珠岩	慈溪范市、海曙龙观、北仑小港、鄞州东吴零星出露

续表 2-1

年代地层单位			岩石地层单位		地层代号	岩性特征简述	分布范围
界	系	统	群	组			
中生界	白垩系	下统	磨石山群	茶湾组	K_1c	灰色、灰紫色流纹质晶玻屑熔结凝灰岩、流纹质玻屑凝灰岩,局部为英安质晶玻屑熔结凝灰岩	余姚三七—江北慈城—镇海九龙湖、北仑白峰—郭巨一带
				西山头组	K_1x	深灰色流纹质含角砾晶屑玻屑熔结凝灰岩、流纹质晶屑玻屑熔结凝灰岩夹少量凝灰质砂岩、流纹质玻屑凝灰岩	工作区内均有出露
				高坞组	K_1g	肉红色、深灰色流纹质晶屑熔结凝灰岩、流纹质玻屑晶屑熔结凝灰岩、凝灰熔岩等,局部夹中薄层凝灰质砂岩	余姚梁弄—鹿亭—大隐、北仑柴桥—大榭一带
				大爽组	K_1d	浅灰绿—灰紫色流纹质玻屑弱熔结凝灰岩、流纹质玻屑凝灰岩夹含砾砂岩、泥岩和沉凝灰岩	余姚陆埠—河姆渡山前、慈溪匡堰—桥头山前一带,慈溪观海卫平原孤丘零星出露
	侏罗系	下统		枫坪组	J_1f	下部为深灰色千枚状粉砂岩、粉砂质泥岩;中部为灰白色块状片理化石英砂岩;上部为深灰色千枚状粉砂质泥岩、粉砂岩与片理化石英砂岩互层	慈溪龙山—镇海九龙湖

2.3.2 侵入岩和潜火山岩

宁波市侵入岩较为发育,多呈岩株状、岩枝状产生,为燕山期产物,主要分布于奉化楼隘、镇海澥浦及北仑塔山等地,岩性主要为混合花岗岩、石英闪长岩等。

宁波市潜火山岩主要分布于北仑灵峰山、城湾水库、鄞州三溪浦水库等地,以霏细斑岩、流纹斑岩为主,侵入晚侏罗世或早白垩世喷出岩中,与喷出岩具有成因关系。

2.3.3 第四纪地层

区域内第四系分布范围广泛,结合地貌单元,可分为山麓沟谷和平原两个地层区。平原主要包括宁波平原和大碶平原。山麓沟谷区第四纪地层成因、岩性相对单一,厚度薄,呈裙带状分布;平原区第四纪地层成因、岩性较复杂,厚度较大。区内早更新世的构造运动为上升剥蚀,因此下更新统缺失;中更新世中晚期开始,区域构造运动转为以沉降为主的振荡式升降运动,沉积保留了中、上更新统和全新统。

1. 山麓沟谷区

山麓沟谷地带露头未发现汤溪组和之江组。之江组仅在极少数基岩面之上有揭露。山麓沟谷区第四纪地层自下而上可划分为更新统莲花组(Qpl)和全新统鄞江桥组(Qhy),主要为冲积物、冲洪积物和坡洪积物,厚度一般小于20m,详见表2-2。

表2-2 宁波市山麓沟谷区第四纪地层简表

地层单位			成因类型	岩性描述	分布范围
系	统	组			
第四系	全新统	鄞江桥组	冲积、洪积	灰色与灰黄色的砾石、卵石、砂,松散,分选性和磨圆度较好	分布于奉化江等上游的河谷及沟口处
	上更新统	莲花组	坡洪积	灰黄色与棕黄色含碎石粉质黏土、含黏性土碎石,分选性差	广泛分布于山麓沟谷地带,组成洪积扇、坡积裙
	中更新统	之江组	坡积、洪积	紫红色、褐红色粉质黏土和含碎石粉质黏土,硬—可塑状,网纹状	未见露头剖面,仅在极少数钻孔基岩面上有揭露

2. 平原区

工作区内滨海平原区第四纪地层自下而上可划分为中更新统(Qp_2)、上更新统(Qp_3)以及全新统滨海组(Qhb),各地层均由2~3个沉积旋回组成。平原区自中更新世开始接受沉积,并于晚更新世以来先后遭受3次大规模的海侵影响。地层岩性变化丰富,陆海地层相互叠置,据此将宁波市平原区分为余慈平原、宁奉平原和象山港以南港湾平原(表2-3)。

表2-3 宁波市平原区第四纪地层简表

地层单位			岩性描述	分界时间/万a
系	统	组		
第四系	全新统Qh	滨海组Qhb	海相:黄褐色厚层状淤泥质黏土、淤泥质粉质黏土,局部见黏土与粉砂薄层互层	0.25
			海相:灰黑色厚层状淤泥质黏土、粉质黏土,含贝壳碎屑	0.75
			冲湖积相:黑灰色黏土与粉砂互层,含少量贝壳碎屑,有少量锈染;海相:黑灰色泥质黏土,含贝壳碎屑、螺壳生物碎片等	1.17

续表 2-3

地层单位			岩性描述	分界时间/万a
系	统	组		
第四系	上更新统 Qp₃		冲湖积相:灰绿色、灰棕色、灰黄色粉砂,含有大量锈染; 海相:深灰色、灰黄色、黑灰色粉质黏土,可见少量锈染、暗色斑点、炭化物、腐殖质等; 冲海积相:淤泥质粉质黏土,含少量腐殖质	5.00
			冲湖积相:灰黑色、蓝灰色、灰棕色粉质黏土,厚层状,含炭屑,有大量暗色斑点状的腐殖质; 海相:灰色至灰褐色粉质黏土,厚层状; 冲积相:浅灰色、蓝灰色含黏土的砾石,砾石分选性较差,磨圆度高,呈次圆—圆状	10.00
			冲湖积相:灰绿色粉质黏土,可见铁锰质斑点和钙结核; 海相:深灰色、灰棕色粉质黏土; 冲积相:灰绿色、灰蓝色含砾中粗砂	12.60
	中更新统 Qp₂		冲湖积相:黏土、粉质黏土,颜色多变,主要为灰绿色、灰黑色、灰蓝色夹黄褐色铁锰质斑点; 冲洪积相:以含砾粗砂、砾石层、棕黄色粉质黏土和亚砂土为主,砾石分选性差,磨圆度差,大部分为凝灰岩	30.00
			冲湖积相:灰黄色、黄褐色粉质黏土,硬塑,厚层状,含少量铁锰质氧化斑点; 冲洪积相:灰黄色含黏性土砾砂,密实,饱和,厚层状,黏性土含量5%~10%,矿物成分主要为石英、长石	78.10

2.4 地质构造

宁波市位于浙东沿海地区,在大地构造上属于华南褶皱的二级构造浙东南隆起区。燕山运动奠定了浙东地区的地质地貌格局,中生代火山岩大面积覆盖,并形成了一系列以北东向为主的断块构造,褶皱不发育。断裂位置大多继承早期断裂持续发展,方向以北北东向、北东向、东西向和北西向4组为主,各组断裂均有过多期活动。其中,北北东向断裂占主导,与其他几组断裂构成了本区主要的构造格架,并对本区的火山活动、岩浆侵入、沉积盆地的发生和发展、成矿作用等起了控制作用。

2.4.1 深大断裂

控制工作区构造格局的深大断裂有 4 条,分别是北北东向的温州-镇海大断裂、丽水-余姚深断裂,北西向的长兴-奉化大断裂,东西向的昌化-普陀大断裂(图 2-5)。从工作区以及邻区海岸线的总体走向到港湾的态势以及岛屿的排列方向,都充分显示了北北东向构造和北西向构造联合控制的构造形迹。

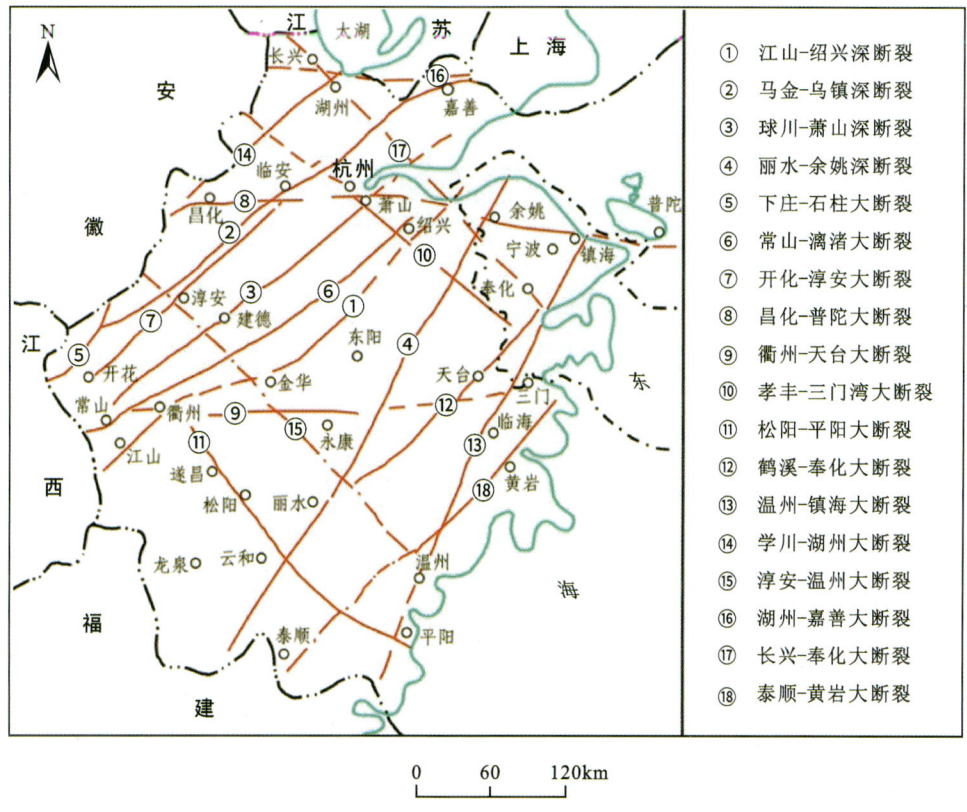

图 2-5 浙江省深大断裂和一般断裂分布示意图

2.4.2 一般断裂

在区域深大断裂的控制和影响下,区内一般断裂发育,以东西向、北西向和北东向 3 组为主,其次为北北东向,南北向最少(图 2-5)。

2.5 新构造运动与地震

新构造期以来,本区构造运动的主要表现形式为幅度不大的升降运动。断块升降运动导致了断裂活动及地震的产生。工作区总体处于隆起抬升阶段,但伴随着振荡性的下降。总的来说,断裂活动强度总体上较低,大部分断裂晚更新世以来在地表已没有明显的活动。宁波市的地震活动在浙江省属中等活动水平,是我国东南沿海地震带从福建向北伸向陆地内部的一个分支——镇海-温州弱震带,自1523年有记载以来曾发生大小地震10余次,其中4级以上3次,震级最大的为1523年在镇海下邵发生的$4\frac{3}{4}$级地震,其余地震多在2级以下。总的来看,地震稀少且震级较低是宁波市地震的特点。

工作区内存在历史地震和现代地震,主要分布在海曙与余姚交界、奉化和镇海等地区(图2-6)。从有关地震的分布来看,地震频发地在慈溪地段、镇海地段和奉化地段,这3个地段位于北北东向丽水-余姚深断裂、温州-镇海大断裂和北西向鹤溪-奉化大断裂3条深大断裂与东西向昌化-普陀大断裂的交会处,历史上4级以上的地震大多发生在这些地段。

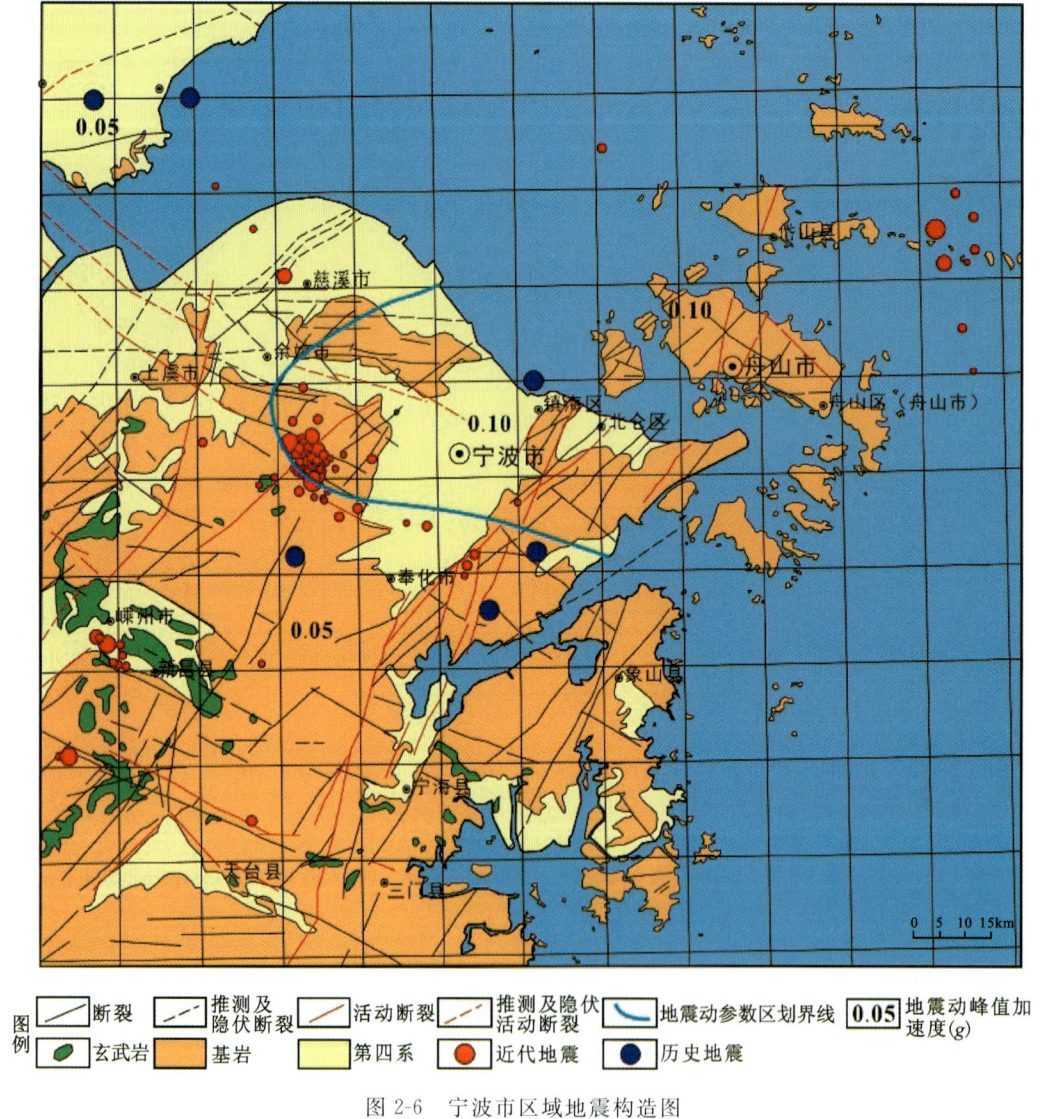

图 2-6　宁波市区域地震构造图

宁波市地震基本烈度在Ⅵ～Ⅶ度范围内,根据《中国地震动参数区划图》(GB 18306—2023)中地震动参数的划分,鄞州咸祥—姜山—海曙洞桥—余姚鹿亭—陆埠—慈溪观海卫—

第 2 章　宁波市地质环境条件

线东北地震动参数值为 $0.10g$,相当于地震基本烈度Ⅶ度区,区域地壳属基本稳定类型;其余地区均为 $0.05g$,相当于地震基本烈度Ⅵ度区,区域地壳属稳定类型。

2.6　水文地质

按照地下水埋藏条件及赋存规律,本区地下水可分为松散岩类孔隙水、红层孔隙裂隙水和基岩裂隙水 3 种类型。

松散岩类孔隙水包括河谷孔隙潜水、平原区孔隙承压水,其中河谷孔隙潜水呈带状分布于剡江、鄞江、县江、东江、梅溪及其他小型沟谷中,含水层由全新统和晚更新世冲积、洪冲积、坡洪积砂砾石和含黏性土砂砾石组成,二元结构明显,松散,厚度 3～12m,水位埋深 0.3～3.0m,单井涌水量一般为 500～3000m^3/d;平原区孔隙承压水分布于宁波平原、大碶平原和咸祥平原,按照成因时代和埋藏条件,可分为Ⅰ、Ⅱ两个承压含水层。

红层孔隙裂隙水分布于低山丘陵和平原底部,就其地下水赋存空间特征,可分为构造孔隙裂隙水和风化溶蚀孔隙裂隙水。构造孔隙裂隙水主要分布于宁波平原西部和西南部及平原底部,含水层由早白垩世砂岩、粉砂岩夹火山碎屑岩组成,水量贫乏,泉流量小于 0.1L/s,单井涌水量小于 100m^3/d。风化溶蚀孔隙裂隙水由晚白垩世泥岩、粉砂质泥岩组成,埋藏于宁波平原北部第四系覆盖层之下,由于含大量可溶盐(石膏、钙芒硝、岩盐),在风化淋滤作用下,形成蜂窝状孔洞及破碎溶蚀带,地下水较丰富,单井涌水量为 100～1000m^3/d。

基岩裂隙水广泛分布于宁波平原、大碶平原和咸祥平原周边山区,地下水主要赋存于晚侏罗世火山岩、燕山晚期酸性—中酸性侵入岩、晚侏罗世潜火山岩中。宁波平原东部埋藏于第四系覆盖层之下的安玄玢岩,在断裂构造带及附近,水量相对丰富,单井涌水量最大可达 1000m^3/d 以上。

2.7　工程地质

根据岩石类型、结构、力学性质进行岩体工程地质类型划分,本区岩体可划分为四大工程地质岩组。

1. 坚硬块状火山碎屑岩和玄武岩岩组

该岩组主要由下白垩统大爽组、高坞组、西山头组、九里坪组、祝村组及上新统嵊县组玄武岩组成。火山碎屑岩岩性主要由流纹质晶屑玻屑熔结凝灰岩、熔结凝灰岩等组成,岩石坚硬,干抗压强度为 1500～2000kg/cm^2,块状构造,稳定性好。玄武岩为致密块状构造,隐晶质结构,新鲜岩石致密坚硬,但节理发育一般,气孔较多,岩石易风化,且常夹有硅藻土,岩体稳定性较差。

2. 坚硬—较坚硬厚层—中厚层状火山碎屑岩和碎屑沉积岩岩组

该岩组主要由下白垩统茶湾组及朝川组组成。岩性主要为红色粉砂岩、细砂岩夹砂砾岩、凝灰质砂岩、沉凝灰岩夹硅质岩、泥岩等。岩石强度变化较大，以中厚层状为主，层状结构明显，岩体整体性和均匀性较差。熔岩类不易风化，沉凝灰岩、碎屑沉积岩易风化，抗风化性质不一，其工程地质性质具有沉积岩和火山碎屑岩两种特性。

3. 坚硬厚层状碎屑沉积岩岩组

该岩组主要由下白垩统馆头组、方岩组及晚三叠世—早侏罗世浅变质沉积岩组成。岩性为砾岩、砂砾岩、石英砂岩等。岩石坚硬，致密，干抗压强度为 $700 \sim 800 kg/cm^2$，呈块状—厚层状结构，节理、裂隙较发育，其中软弱夹层影响边坡稳定性。

4. 坚硬块状侵入岩和潜火山岩岩组

该岩组主要由燕山晚期侵入岩和晚侏罗世潜火山岩组成。岩性主要为花岗岩、混合花岗岩、霏细斑岩、流纹斑岩等。岩石坚硬致密，呈块状构造，较均质完整，干抗压强度为 $1800 \sim 2000 kg/cm^2$，岩体稳定性良好。

花岗岩富含斜长石和暗色矿物，抗风化能力较低，一般风化层厚 10m 左右，最大可达 30m，风化后岩石物理力学强度降低，形成较厚的残积层，易发生滑坡、崩塌等地质灾害。

2.8 人类工程活动

随着宁波市社会经济的高速发展，城镇建设、公路交通、水利水电和矿业开发等人类工程活动的规模与强度不断扩大，农村山区劈山造路、切坡建房、兴修水利等工程明显增多，对地质环境影响程度加剧。

宁波市人类工程活动特征从总体情况看，主要表现在以下 8 个方面：

(1) 山区村镇及规划区建设。受山区地形条件所限，村镇、工业园区建设常会对山体进行开挖，改变或破坏原始山体完整性和平衡，形成高陡人工边坡，当边坡未防护或防护不当，易形成不稳定斜坡和地质灾害隐患；还有部分村庄建于沟口，挤占河道建房，降低排洪能力，形成泥石流隐患。

(2) 切坡建房。低山丘陵区大部分农户依山建房，存在大量切坡，形成高低不等的人工边坡，且多数形成的人工边坡较为高陡（坡度以 $50°\sim70°$ 为主），一般切坡高度 $2\sim8m$，部分可达 $10\sim15m$ 及以上，且多存在建筑物与坡脚距离较近，防护措施不到位或不当情况，尤其是基岩表部覆盖层较厚、自然斜坡较陡的区域，强降雨时往往引发表部土体滑坡，而崩塌则主要发生在地形高陡、坡面岩体破碎或风化严重的岩质边坡。

(3) 道路交通建设。近年来，交通建设发展较快，除省道拓宽改建外，交通运输部门修建了较多乡村公路。由于资金缺少、山区乡村公路等级低等，公路边坡未防护或防护不到位，不少路段仍存在高陡边坡，稳定性较差或差，形成了地质灾害隐患，威胁公路行人及车辆安全。部分公路建设过程中产生大量弃渣，随意堆置于山坡上，不仅破坏植被，而且在降雨季节易发生滑坡、崩塌、泥石流等地质灾害，对公路附近村民造成不同程度的威胁。

(4) 水利水电工程建设。水利水电工程项目建设中水库蓄水和泄水加大了岩土体与坡体的静水、动水压力,可能导致崩塌、滑坡的发生;少量山塘因年久失修,存在一定坝体失稳隐患。此外,引水工程的长期渗漏也容易引发滑坡地质灾害。

(5)矿业开采。现阶段开采的矿山一般较为规范,矿渣基本堆置于规定的位置,但部分老矿山或废弃矿山,尤其是小型废弃矿山,由于开挖不规范形成了高陡边坡,稳定性较差,防护措施不到位,易引起崩塌、滑坡地质灾害。

(6)重要工程设施建设。一些重要工程设施如通信塔台机房、引水管道等建设,不可避免进行山体开挖,当防护不当时,也可能诱发地质灾害。

(7)低丘缓坡开发。村民在斜坡上开垦耕种、建造梯田,破坏了植被,使坡面残坡积层土易受雨水冲刷侵蚀,加剧水土流失,对原始斜坡的稳定性造成一定破坏,甚至引发地质灾害。

(8)风景名胜区(点)建设。部分风景名胜区以自然景观为基础,以新、奇、险为特色,这些区域往往是地质灾害易发区,虽然目前这些区域发生地质灾害的数量较少,但隐患较多。

第 3 章 地质灾害及地质灾害风险防范区发育分布特征

3.1 地质灾害发育分布特征

3.1.1 地质灾害概况

对宁波市历史地质灾害调查研究资料的收集和统计结果显示，宁波市历史查明地质灾害 670 处，包括滑坡 294 处、崩塌 307 处、泥石流 69 处；地质灾害规模以小型为主，共 659 处，中型 8 处，大型及以上 3 处；致灾体体积一般小于 10 000 m³，而体积在 1000 m³ 以下的地质灾害约占地质灾害总数的 55%（表 3-1）。

表 3-1　宁波市各类地质灾害统计表

类型	数量及占比		规模		
	数量/处	占比/%	小型/处	中型/处	大型/处
滑坡	294	43.88	286	6	2
崩塌	307	45.82	307	0	0
泥石流	69	10.30	66	2	1
合计	670	100	659	8	3

3.1.2 地质灾害分布

1. 空间分布

宁波市地质灾害在各县（市、区）均有分布，多发生于西部、南部低山丘陵区，其中余姚市、奉化区最为发育，分别为 157 处、112 处；其次为鄞州区、宁海县、象山县，分别为 97 处、70 处、66 处；慈溪市、北仑区分别为 54 处、51 处；海曙区、江北区相对不发育，分别为 25 处、10 处（表 3-2，图 3-1）。

表 3-2　宁波市已查明地质灾害（隐患）点统计表　　　　　　　　　单位：处

灾害点类型	余姚市	宁海县	北仑区	慈溪市	奉化区	海曙区	江北区	象山县	鄞州区	镇海区
滑坡	87	45	26	8	60	10	2	19	34	3
崩塌	41	25	19	42	40	14	8	47	54	17
泥石流	29	0	6	4	12	1	0	0	9	8
合计	157	70	51	54	112	25	10	66	97	28

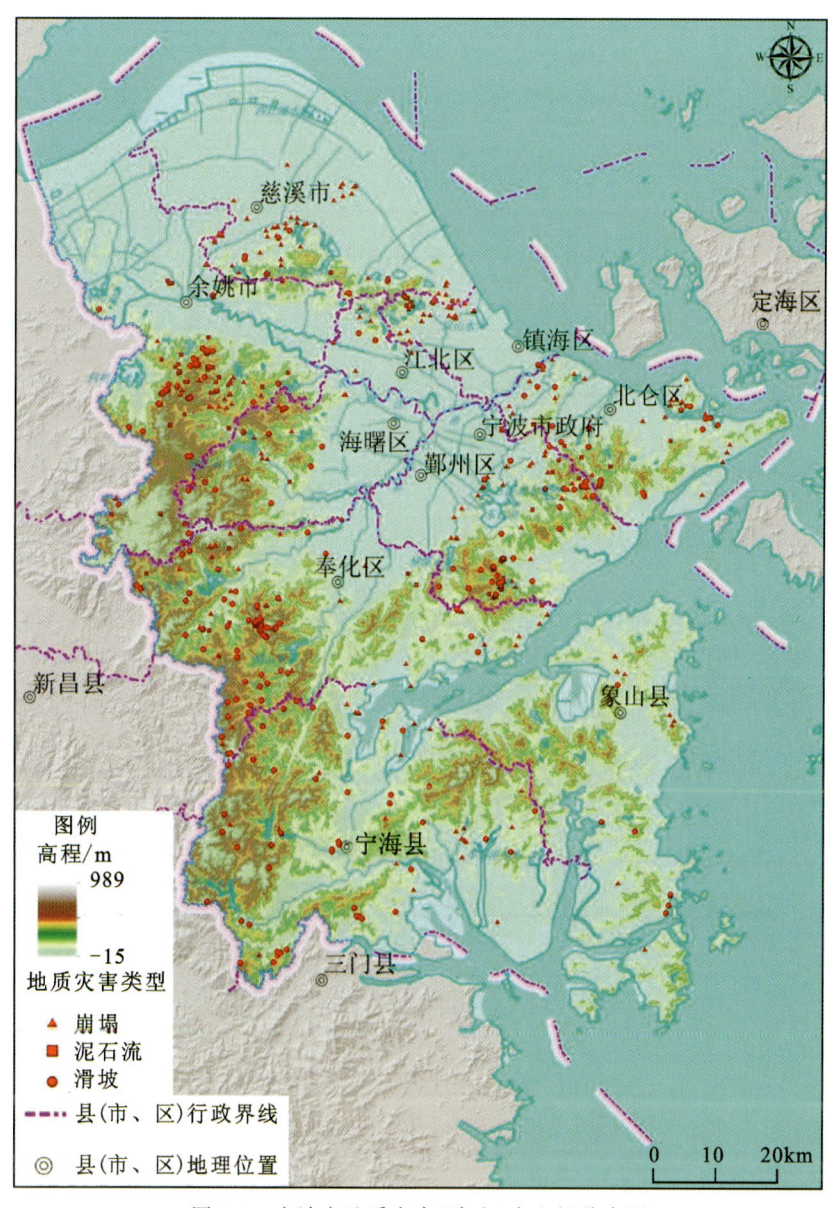

图 3-1　宁波市地质灾害（隐患）点空间分布图

2. 时间分布

宁波市从 2000 年开始详细记录地质灾害,历史地质灾害年际分布统计显示(图 3-2):5~8 年呈现一轮波峰波谷。2001—2004 年呈下降趋势,2005 年达到峰值 55 处,是前 5 年的 1.4 倍;2006—2013 年具有逐年增加的趋势,由于经济飞速发展,人类工程活动明显增多,人为破坏地质环境的行为对地质灾害的形成与发展的影响也日趋严重。随着我国地质灾害防治体系的完善,2013 年以后宁波市地质灾害发生率进入稳定期。年际变化上出现异常峰值的现象,主要发生在 2005 年、2012 年、2013 年、2019 年,其中以 2013 年发育最多,达 74 处,这主要是由于地质灾害受强降雨影响,该年份内发生了由强台风引发的极端降雨,如 2013 年"菲特"台风、2019 年"利奇马"台风。

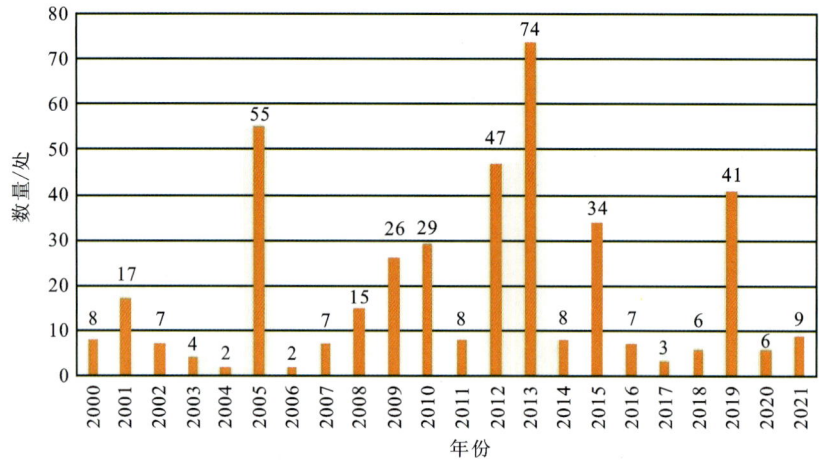

图 3-2 宁波市历史地质灾害年际分布统计图

从历史地质灾害月份分布统计结果(图 3-3)来看,区内滑坡、崩塌、泥石流灾害多发生在 6—9 月的汛期,与累年月均降水量分布具有较强的相关性。其中 10 月、12 月地质灾害主要为单次极端天气影响所致。

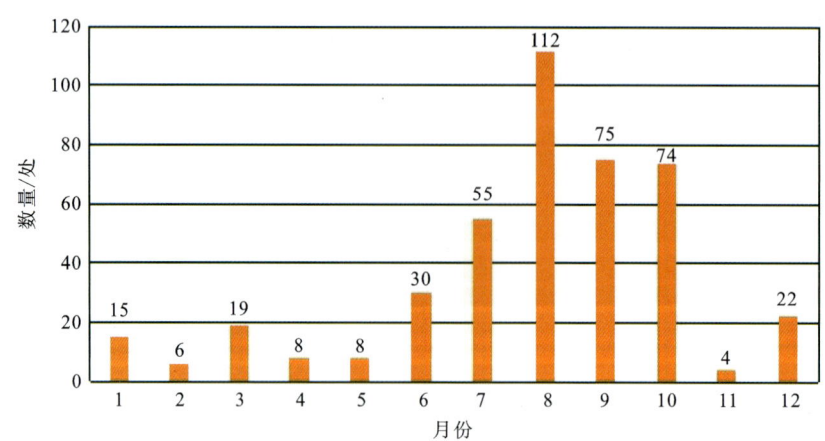

图 3-3 宁波市历史地质灾害月份分布统计图

3.1.3 地质灾害特征

1. 滑坡

本区内滑坡规模不大,滑坡体组成总体较为均一,一般以含碎砾石粉质黏土或含粉质黏土碎(砾)石为主,火山岩分布区以呈砂状的全风化层为主,滑体厚度一般不大,常见在1~5m之间,规模大多在几千立方米以下,小的仅有数十立方米。下面主要从滑坡的空间形态、滑坡体物质结构组成、滑坡滑移动力学方式3个方面来讨论滑坡的发育特征。

1)滑坡的空间形态

区内发育的滑坡基本以土质滑坡为主,一般沿层内错动带、土岩接触面或全-强风化层界面滑动,滑坡体形态呈现一定的规律性。平面形态一般呈半椭圆形、舌形、半圆形和扇形等,其中以半椭圆形居多;剖面上以直线形或阶梯状为主。

2)滑坡体物质结构组成

按物质组分划分,区内滑坡以土质滑坡为主。滑坡体物质组成主要为第四系残坡积层含碎石黏土、粉质黏土等,厚度在2.0~10m之间,整体上呈可塑—硬可塑状,饱和时工程地质性质变化较大,易发生滑塌。岩质滑坡则较少,主要以强风化层基岩为主,强风化层基岩一般节理较发育,表层较破碎,易沿结构面发生滑塌。按厚度划分,区内滑坡大部分为浅层残坡积层滑坡。

3)滑坡滑移动力学方式

按力学性质划分,区内滑坡大多为牵引式滑坡。滑坡体变形特征主要是树木歪斜、发育滑坡台阶和拉张剪切裂缝隙,前缘鼓丘、后缘洼地较少见。滑坡大都为一次滑动。

滑坡的形成主要有以下3个方面的因素:

(1)地质环境因素。自然斜坡坡度为20°~30°,地势较陡,表部第四系覆盖层厚度较大,自然状态下土体物理力学性质一般,一旦饱水后土体物理力学性质较差。下部基岩风化较为强烈,全风化层厚度大,呈砂土状,透水性好,下伏的强风化层力学强度相对较高,为隔水层。此接触带在雨水的作用下,易形成滑移面,为内因。

(2)人类工程活动因素。斜坡前缘建房开挖,自然斜坡形成多级人工陡立的临空面,使坡麓地段因大量的卸荷而失去原有的平衡,斜坡的应力状态发生了改变。同时,丘陵山体表部为毛竹林,村民挖笋不断翻动表部土体,导致土体结构松散,有利于地表水的下渗,为人为因素。

(3)降雨因素。台风期易发生短临强降雨,大量地表水渗入坡体,陡然增大上部土体的重度,浸润、饱和坡体土层,显著降低土层的力学强度,导致坡体变形、失稳。

2. 崩塌

崩塌主要分布于公路两侧和切坡建房的高陡边坡上以及坡度较大的斜坡地带,这些斜坡坡度一般在50°以上,局部近直立。边坡岩体节理裂隙较发育且破碎,有顺坡结构面、组合面,或分布孤石,或残坡积层、强风化带厚度较大,无坡面防护措施,坡体临空后在自身重力作用下产生崩塌。崩塌以岩质为主,土质次之,规模较小,一般体积有几十立方米,个别可达6000m³。

根据以往地质灾害资料,区内崩塌多发生在坡度大于 60°的陡崖部位或人工边坡坡面上,仅个别发生在坡度 50°以下的斜坡部位。崩塌发育地层岩性主要为火山碎屑沉积岩,少数分布在花岗岩区。当存在倾向于坡外的不利裂隙组合,或陡崖下方存在相对软弱基座,形成不稳定楔形体时,在强降雨、冰冻等因素作用下,不完整的岩石块体易沿裂隙面崩落,以倾倒、坠落或跳跃滚动的方式砸向坡底,对房屋危害较大。崩落物经过快速运动后碎散为含泥较少的碎块石,一般呈倒锥形堆于坡底,或挤压民房的后墙。

崩塌产生的原因主要有以下 3 个方面:

(1)边坡断裂及节理裂隙较为发育,断裂面、节理面与坡面呈不利的结构面组合。

(2)人工不合理开挖形成高 10~25m 的边坡,坡度较陡,局部近直立,改变了原始斜坡平衡的应力状态,为坡体失稳提供了临空面。同时,由于人工爆破开挖,节理裂隙不断扩张卸荷。

(3)由于降雨的作用,地表水长期渗入不利结构面,使动水压力、静水压力增大,结构面强度降低,造成坡体失稳。

3. 泥石流

相对于崩塌、滑坡,泥石流发育数量较少,区内泥石流类型分为沟谷型和坡面型。沟谷型泥石流主要发育在有一定汇水面积、地质构造较发育、松散物源充足且地形较陡的冲沟内,发生频率较高,对冲沟的沟口一带威胁较大。坡面型泥石流主要由强台风引发,发育于坡度较陡、具有一定厚度的覆盖层斜坡地段。在强降雨条件下,由于地表水的冲刷和地下水的潜蚀,表层极易发生局部滑坡,而这种滑坡常具有连锁性,局部滑坡形成后会引发更大范围的滑坡,进而演化为坡面型泥石流。根据收集的资料,区内泥石流发育的主要特征为:①历史上发生的泥石流以沟谷型为主,近年来复发迹象不明显;②近年来发生的泥石流以坡面型为主,一般汇水面积较小,山坡坡度较大,造成的危害大,且具有群发性;③具有突发性、低易发性、低频性;④主要受特殊气象条件引发;⑤启动形式主要为高位滑坡、崩塌或后缘坡面侵蚀。

泥石流形成可从以下 4 个方面进行分析:

(1)地形条件。绝大部分泥石流的沟谷呈"V"形,源头有分叉,汇水平面多呈扇形,源宽、下窄,沟道稍弯曲,沟宽度一般为 3~10m,两岸坡度较陡,冲沟沟床平均纵比降一般为 250‰~400‰,沟床长一般为 0.5~1.5km,流域相对高差一般为 200~500m。沟谷上游山坡陡,沟谷中段沟道宽 3~10m 不等,沟床较粗糙,沟口多为居民区,无扇形堆积地形,自然地形坡度 20°~40°。泥石流沟谷一般中上部陡、中下部缓,植被较发育,暴雨易汇集,沟谷中段狭长、坡降大,短临强降雨条件下水动力充足,具备泥石流形成的地形条件。

(2)物源条件。出露基岩岩性以凝灰岩为主,花岗岩等火山岩呈脉斑状出露。大部分沟谷上游山坡陡,植被较发育。局部岩体节理裂隙较为发育,致使岩体破碎,风化作用强烈,风化的岩体剥落堆积于陡缓转折区域,沟两侧斜坡下部附近分布一定厚度的松散堆积物,为泥石流物源形成提供了良好的条件;沟谷中下段沟道部分基岩裸露,部分段沟床内及岸坡存在一定厚度的松散堆积层,岩性主要为漂砾、碎块石和含黏性土碎(块)石,因岸坡受激流的掏蚀作用,部分松散堆积物和上游物质一起随水流而下。

(3)水源条件。宁波地处我国台风暴雨主要影响区之一,近年来极端降雨频发,短临降雨

第3章 地质灾害及地质灾害风险防范区发育分布特征

量大,如2013年10月6—9日,余姚市受第23号"菲特"强台风的影响,遭遇百年一遇的特大暴雨,根据收集的余姚市气象局自动雨量观测站资料,全市过程面雨量达449mm,其中最大的上王岗站降雨量超过百年一遇降雨量,达到了721mm。由于泥石流汇水面多为扇形,强降雨在极短时间内汇集到沟内,在重力作用下形成强大的流体,动力充足,冲刷和搬运沟道堆积体,因而产生泥石流。

（4）发生过程。泥石流发生时,沟谷上游启动段流域的地表水入渗沟源附近松散坡积物,使其强度迅速减弱,斜坡稳定性降低,同时因沟源附近坡积物黏土、砂含量较高,组成物质粒度较小,易被水流冲刷与侵蚀,使沟内泥砂含量增高,也使得沟谷中固体物质的托浮与搬运能力增大。

3.2 地质灾害风险防范区分布特征

地质灾害风险防范区是通过地质灾害风险"一张图"、巡排查、乡镇（街道）地质灾害风险调查评价等工作确定的潜在可能发生地质灾害的斜坡或沟谷区域。划定风险防范区是地质灾害早期识别的一种手段,其目的是提前防范,最大限度地圈定地质灾害发生的目标靶区。下面对目前宁波市查明的976处地质灾害风险防范区数据进行分析研究。

3.2.1 空间分布特征

风险防范区是潜在可能发生地质灾害的区域,由于所处地形地貌、人类工程活动强度及地质环境条件不同,其在空间分布上具明显的差异性。宁波市的地质灾害风险防范区在10个县（市、区）均有分布,主要分布于西部和南部低山丘陵区域,其中宁海县、余姚市、奉化区分布最多,分别为239处、212处、181处;江北区分布最少。地质灾害风险防范区分布与历史地质灾害空间分布规律具有较好的一致性,具体数据见图3-4和图3-5。

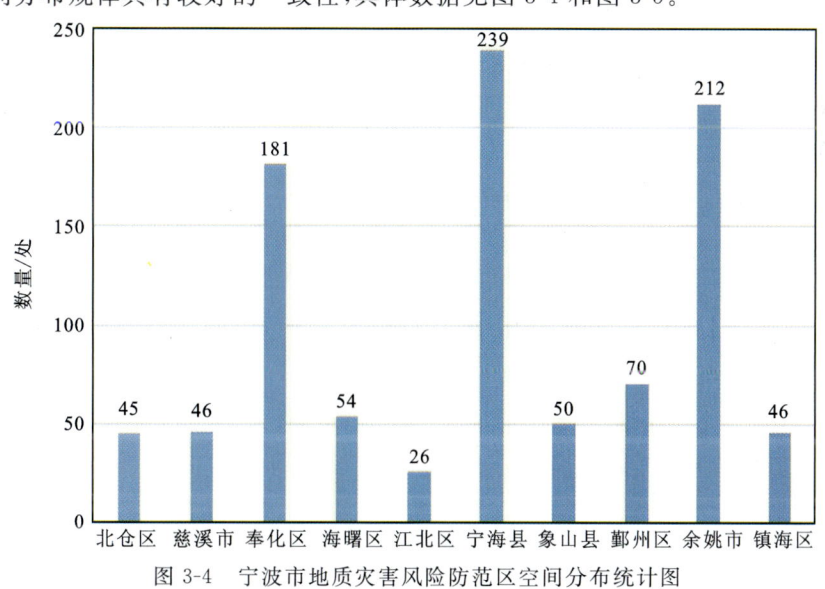

图3-4 宁波市地质灾害风险防范区空间分布统计图

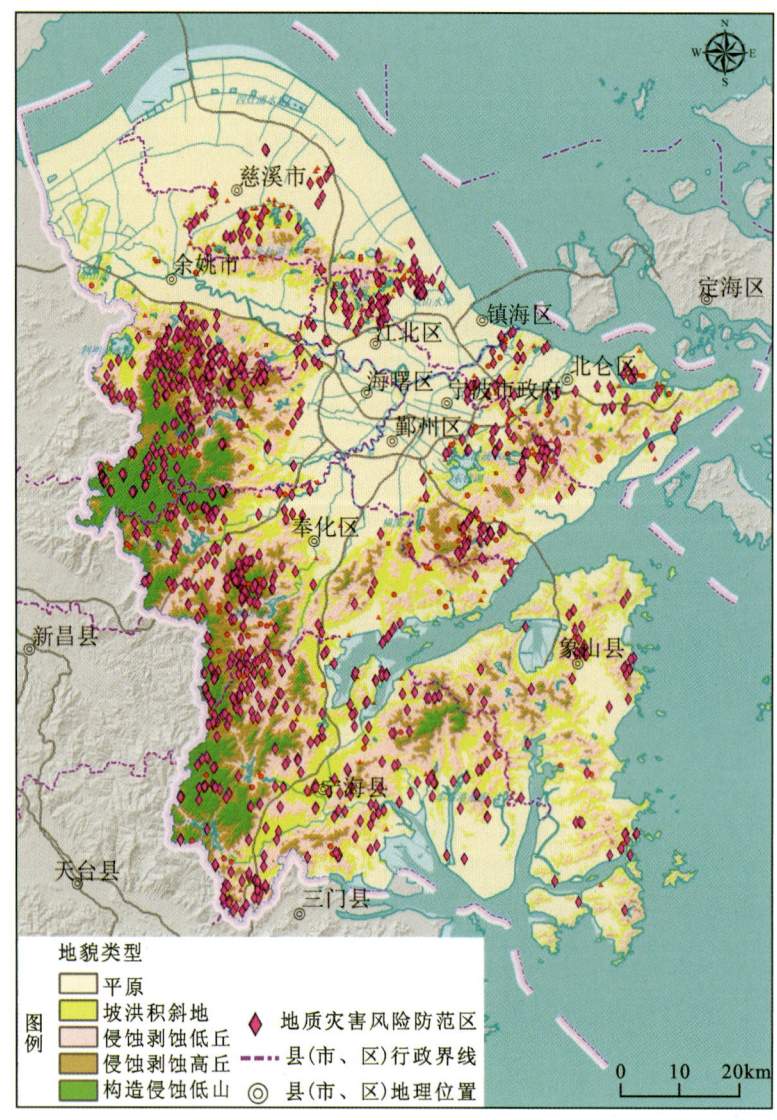

图 3-5 宁波市地质灾害风险防范区空间分布与地形地貌关系图

3.2.2 风险防范区几何特征

地质灾害风险防范区的形态特征差异较明显,平面形态多呈不规则的多边形,形似四边形、半圆形等。面积大小不一,主要以小面积居多,小于 10 000 m² 的风险防范区有 697 处,占风险防范区总数的 71.4%。其中,面积小于 1000 m² 的有 240 处,占比 24.6%;2000~5000 m² 的有 314 处,占比 32.2%。面积大于 10 000 m² 的风险防范区有 279 处,占风险防范区总数的 28.6%。其中,面积 10^4~$5×10^4$ m² 的有 197 处,占比 20.2%;10^5~10^6 m² 的有 43 处,占比 4.41%;而大于 $10×10^6$ m² 的仅有 7 处,主要分布于宁海县、奉化区的低山丘陵地区(表 3-3,图 3-6)。

表 3-3　宁波市地质灾害风险防范区县(市、区)分布统计表

序号	面积分类/m²	北仑区	慈溪市	奉化区	海曙区	江北区	宁海县	象山县	鄞州区	余姚市	镇海区	总计/处
1	<100	1	0	0	0	0	0	0	1	0	0	2
2	100～500	6	1	1	11	1	7	6	8	87	0	128
3	500～1000	6	3	7	7	1	10	10	5	60	1	110
4	1000～2000	11	4	27	7	2	18	7	6	38	1	121
5	2000～3000	8	2	15	13	0	13	12	4	10	3	80
6	3000～4000	3	4	17	3	4	18	6	3	8	2	68
7	4000～5000	1	3	12	4	2	11	1	5	1	5	45
8	5000～6000	3	1	15	2	0	10	2	2	0	1	36
9	6000～8000	5	3	16	1	2	18	0	5	2	4	56
10	8000～10 000	0	4	16	1	3	13	4	7	1	2	51
11	10 000～20 000	1	10	20	2	2	46	2	18	3	14	118
12	20 000～30 000	0	3	12	3	1	17	0	6	0	5	47
13	30 000～50 000	0	3	4	0	1	15	0	3	2	4	32
14	50 000～100 000	0	2	3	0	4	18	0	2	0	3	32
15	100 000～1 000 000	0	3	14	0	3	21	0	1	0	1	43
16	>1 000 000	0	0	2	0	0	4	0	1	0	0	7
	总计	45	46	181	54	26	239	50	77	212	46	976

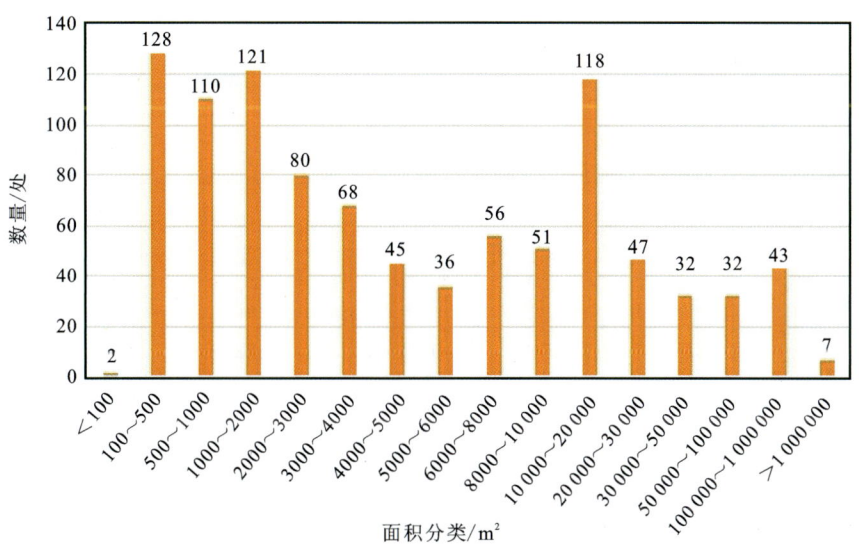

图 3-6　宁波市地质灾害风险防范区面积分类统计图

3.3 地质灾害风险防范区地质环境条件

3.3.1 地形地貌条件

宁波市地貌主要可分为平原、坡洪积斜地、侵蚀剥蚀低丘、侵蚀剥蚀高丘、构造侵蚀低山5类,分布面积分别约为 4 136.81km²、1 522.63km²、2 006.89km²、925.99km²、577.98km²。地质灾害风险防范区主要分布于丘陵山区,地貌类型及其地质灾害风险防范区分布见表3-4和图3-5。其中,坡洪积斜地由于面积较大,分布320处风险防范区,点密度0.21处/km²;侵蚀剥蚀丘陵(侵蚀剥蚀低丘、侵蚀剥蚀高丘)分布501处风险防范区,占风险防范区总数的51.33%;构造侵蚀低山分布117处风险防范区,占风险防范区总数的11.99%。从表3-4中可知,宁波市西部与南部的奉化区、宁海县、余姚市等地风险防范区主要分布于构造侵蚀低山和侵蚀剥蚀丘陵地貌,而北仑区、象山县、镇海区、慈溪市等地,风险防范区主要分布于坡洪积斜坡地带(表3-4)。

表3-4　宁波市地质灾害风险防范区地貌类型统计表

统计项目		不同地貌类型/处					小计/处
		平原	坡洪积斜地	侵蚀剥蚀低丘	侵蚀剥蚀高丘	构造侵蚀低山	
不同县(市、区)风险防范区数量/处	北仑区	10	32	3	0	0	45
	慈溪市	5	34	7	0	0	46
	奉化区	3	20	56	64	38	181
	海曙区	1	13	14	23	3	54
	江北区	1	20	5	0	0	26
	宁海县	4	71	81	51	32	239
	象山县	8	36	4	2	0	50
	鄞州区	3	38	32	3	1	77
	余姚市	1	20	87	61	43	212
	镇海区	2	36	7	1	0	46
	总计	38	320	296	205	117	976
面积/km²		4 136.81	1 522.63	2 006.89	925.99	577.98	9 170.3
点密度/(处·km⁻²)		0.01	0.21	0.15	0.22	0.20	—

1. 高差

地质灾害风险防范区的高差为范围内高程最大值与最小值之差,与起伏度计算方式有所差别。从图3-7可以看出,大部分风险防范区高差小于50m,共有775处,占风险防范区总数的79.4%,其中集中于高差5~15m的风险防范区有343处,占风险防范区总数的35.1%;高差大于50m的风险防范区主要集中于50~100m,有124处,占风险防范区总数的12.7%(图3-7)。

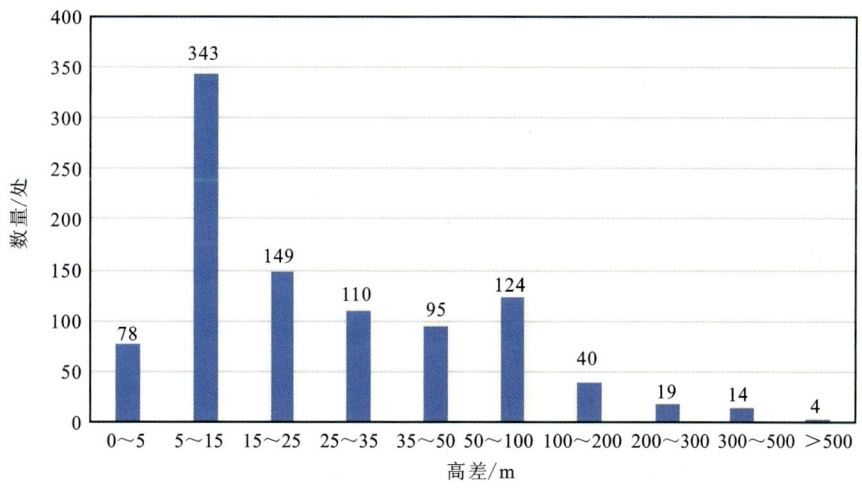

图3-7 宁波市地质灾害风险防范区高差分布统计图

2. 坡度

地质灾害风险防范区范围内斜坡坡度一般为15°~45°,占风险防范区总面积的88.75%,其中坡度在15°~25°的风险防范区面积占总面积的4.73%,坡度在25°~35°的风险防范区面积占总面积的39.84%,坡度在35°~45°的风险防范区面积占总面积的44.19%。从统计结果来看,各坡度段内地质灾害风险防范区数量分布有一定差异,坡度小于15°的风险防范区数量有96处,占风险防范区总数量的9.8%;坡度15°~25°段的风险防范区数量有314处,占32.2%;坡度25°~35°的风险防范区数量有358处,占风险防范区总数的36.7%;坡度35°~45°段的风险防范区数量有179处,占风险防范区总数的44.19%。总体上,地质灾害风险防范区范围内斜坡坡度主要分布于15°~35°,其次为35°~45°(表3-5)。

表3-5 宁波市地质灾害风险防范区的坡度统计表

统计项目		不同坡度段						小计
		<15°	15°~25°	25°~35°	35°~45°	45°~60°	>60°	
不同县(市、区)风险防范区数量/处	北仑区	8	21	12	4	0	0	45
	慈溪市	6	14	17	7	2	0	46
	奉化区	8	31	75	51	16	0	181
	海曙区	9	14	15	15	1	0	54
	江北区	1	9	12	4	0	0	26
	宁海县	23	80	81	51	4	0	239

续表 3-5

统计项目		不同坡度段						小计
		<15°	15°~25°	25°~35°	35°~45°	45°~60°	>60°	
不同县（市、区）风险防范区数量/处	象山县	7	22	16	5	0	0	50
	鄞州区	2	28	32	14	1	0	77
	余姚市	30	81	82	16	3	0	212
	镇海区	2	14	16	12	2	0	46
	总计	96	314	358	179	29	0	976
数量占比/%		9.8	32.2	36.7	18.3	3.0	0	100
面积占比/%		0.66	4.73	39.84	44.19	10.59	0	100

3. 坡向

地质灾害风险防范区在 8 个方位均有分布，其中东南向、南向的数量最多，分别有 176 处、175 处，二者合计占风险防范区总数的 36.0%，其次是西北向，有 143 处。从整体上看，区域方向分布数量差别不大。从行政区上看，奉化区、宁海县、余姚市等县（市、区）偏南向（南向、东南向）的地质灾害风险防范区相对其他方位的数量明显较多（表 3-6）。

表 3-6 宁波市地质灾害风险防范区的坡向统计表

统计项目		不同坡向								小计
		北	北东	东	东南	南	西南	西	西北	
不同县（市、区）风险防范区数量/处	北仑区	10	1	4	3	8	2	12	5	45
	慈溪市	5	4	10	7	6	4	5	5	46
	奉化区	17	11	20	31	44	14	8	36	181
	海曙区	7	4	5	12	11	3	6	6	54
	江北区	2	2	3	5	2	2	5	5	26
	宁海县	15	21	29	54	50	18	17	35	239
	象山县	2	7	11	5	7	7	5	6	50
	鄞州区	10	10	7	14	10	7	8	11	77
	余姚市	24	15	21	36	32	29	25	30	212
	镇海区	7	7	6	9	5	3	5	4	46
	总计	99	82	116	176	175	89	96	143	976
数量占比/%		10.1	8.4	11.9	18.1	17.9	9.1	9.8	14.7	100

第 3 章　地质灾害及地质灾害风险防范区发育分布特征

4. 坡形

地质灾害风险防范区原始斜坡坡面形态可以划分为凸形、直形/折线和凹形三大类型(图3-8)。本书基于 GIS 分析了 976 处风险防范区所处斜坡的坡体形态,以坡率表达斜坡面起伏程度,统计了不同坡率分布的风险防范区数量。结果表明,风险防范区内斜坡的坡形以凹形坡(计算时按规定曲率小于 -0.1 划定)为主,有 621 处,占风险防范区总数的 63.63%;其次是凸形坡(计算时按规定曲率大于 0.1 划定)有 280 处,占风险防范区总数的 28.69%;直形坡(曲率在 $-0.1 \sim 0.1$ 之间)仅有 75 处。从坡率上分析发现,坡率主要分布于 $-2 \sim -0.1$,有 567 处;其次为 $0.1 \sim 2$,有 280 处(表 3-7)。

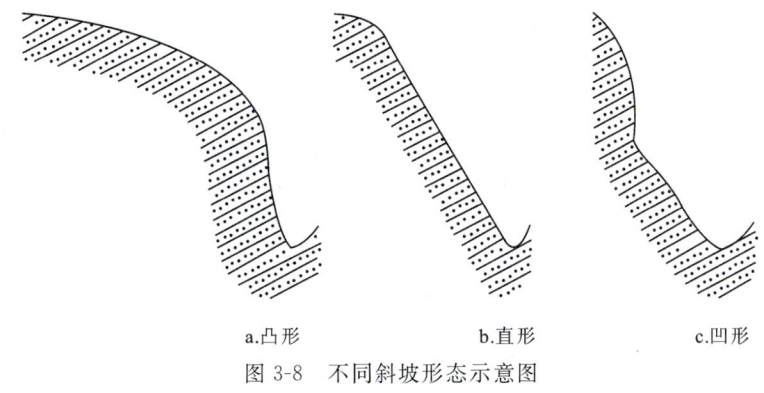

a.凸形　　　　b.直形　　　　c.凹形

图 3-8　不同斜坡形态示意图

表 3-7　地质灾害风险防范区的坡形统计表

统计项目		凹形坡		直形/折线坡	凸形坡		小计
		<-2	-2~-0.1	-0.1~0.1	0.1~2	≥2	
不同县(市、区)风险防范区数量/处	北仑区	3	26	5	11	—	45
	慈溪市	0	18	5	23	—	46
	奉化区	14	97	11	59	—	181
	海曙区	5	31	5	13	—	54
	江北区	1	14	2	9	—	26
	宁海县	10	131	12	86	—	239
	象山县	3	35	6	6	—	50
	鄞州区	3	56	5	13	—	77
	余姚市	15	138	21	38	—	212
	镇海区	0	21	3	22	—	46
	总计	54	567	75	280	—	976
占比/%		5.5	58.1	7.7	28.7	—	100

3.3.2 地质条件

1. 工程地质岩组

地质灾害风险防范区分布具有明显分区性,通过对比分析可以看出,主要分布在以火山碎屑岩为主的岩组中,包括岩组 Hi、Hs,数量分别为 359 处、336 处,二者占风险防范区总数的 71.2%,该两个岩组的地层岩性分布最为广泛,属于宁波市的主要工程地质岩组;其次分布于以花岗岩为主的岩组(Qg)、以沉积岩类为主的岩组(SRc、Ht);沟谷和斜坡坡脚的坡洪积堆积区也有少量风险防范区分布,数量为 46 处,其余岩组中的风险防范区零星分布(表 3-8)。风险防范区内的工程地质岩组风化程度多以强、全风化为主,局部岩体完整性相对较差,浅表有风化残积土和坡积层组成的松散层,切坡处的岩体掉块、小规模滑塌等变形现象时有发生。

表 3-8 宁波市地质灾害风险防范区的岩组特征统计表

统计项目		不同岩组风险防范区数量												小计
		Bs	Hi	Hs	Ht	NT	Qd	Qg	Qj	Rb	Rr	Sc	SRc	SRf	
不同县（市、区）风险防范区数量/处	北仑区	2	16	9	8	4		5			1				45
	慈溪市	2	17	15		7		3		1			1		46
	奉化区	2	77	49	8	6		24		2		9	3	1	181
	海曙区		28	7	6			1				8	4		54
	江北区		6	11	1	2							6		26
	宁海县		66	103	11	15	7	11		12		1	13		239
	象山县		4	33		2	1	10							50
	鄞州区	1	9	52	7	5		1			2				77
	余姚市		125	31	5	2	3	9	1	6			30		212
	镇海区	2	11	26		3		3					1		46
	总计	9	359	336	46	46	11	67	1	21	3	18	58	1	976
数量占比/%		0.1	36.8	34.4	4.7	4.7	1.1	6.9	0.1	2.2	0.1	1.8	6.0	0.1	100

注:Bs.以片岩、千枚岩为主的岩组;Hi.以熔结凝灰岩为主的岩组;Hs.以凝灰质碎屑岩为主的岩组;Ht.以晶(玻)屑凝灰岩为主的岩组;NT.以黏性土为主的岩组;Qd.以闪长岩为主的岩组;Qg.以花岗岩为主的岩组;Qj.以辉绿岩为主的基性岩岩组;Rb.以玄武岩为主的基性岩岩组;Rr.以流纹岩为主的酸性岩岩组;Sc.以砂岩、砂砾岩为主的粗碎屑岩岩组;SRc.以红色砂岩、砂砾岩为主的粗碎屑岩岩组;SRf.以红色粉砂岩、泥岩为主的细碎屑岩岩组。

2. 构造

地质灾害风险防范区主要分布于与断层距离大于 500m 的区域，数量为 548 处，占风险防范区总数的 56.1%，其余的与断层距离小于 50m 的有 129 处、距离 50~100m 的有 60 处、距离 100~300m 的有 148 处、距离 300~500m 的有 91 处(表 3-9)。

表 3-9 宁波市地质灾害风险防范区与断层距离分布特征统计表

县(市、区)	与不同断层距离的风险防范区数量/处					小计/处
	<50m	50~100m	100~300m	300~500m	≥500m	
北仑区	2	2	1	2	38	45
慈溪市	2	1	6	4	33	46
奉化区	26	5	17	11	122	181
海曙区	11	8	14	4	17	54
江北区		2	6	1	17	26
宁海县	42	11	31	24	131	239
象山县	9	5	9	8	19	50
鄞州区	11	3	18	7	38	77
余姚市	21	21	39	25	106	212
镇海区	5	2	7	5	27	46
总计/处	129	60	148	91	548	976

3.4 地质灾害风险防范区危害性特征

地质灾害风险防范区是目前宁波市地质灾害防治管理的主要对象之一。宁波市有 976 处地质灾害风险防范区，受影响户数 3226 户 8798 人、常住人口 4712 人，受影响财产 91 948.79 万元，其中宁海县受影响户数、人数最多，余姚市受影响财产最多。北仑区、慈溪市、镇海区、江北区受影响人数和财产相对较少(图 3-9)。

宁波市西部、南部山区地形条件相对复杂，地质灾害风险防范区分布最多，主要危害特征表现为：一是危害民房。区内大部分风险防范区位于坡脚屋后，分布面积较小。二是影响道路行车安全，区内由于地形地貌，形成道路切坡较多，且多陡直未支护，易失稳发生滑塌，堆积体会堵塞或者损毁道路，影响正常通行，或者堆积体有可能直接损毁路上行驶的车辆，造成人员伤亡。

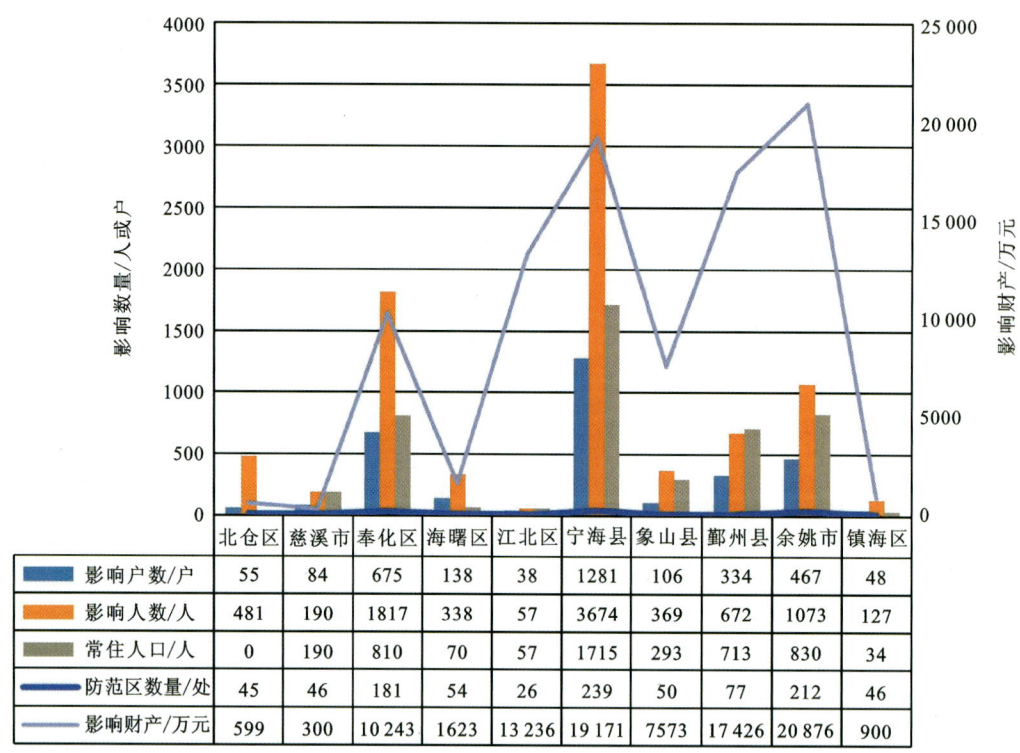

图 3-9 宁波市地质灾害风险防范区受影响人数和财产统计图

第4章 地质灾害形成关键地质体指标分析

地质灾害发育的影响因素较多,通过综合分析,结合宁波市地质灾害发育特征,本研究从地形条件(坡度、坡向、坡型、地形起伏度)、地质条件(地层岩性、断裂构造、风化程度)、人类工程活动(土地利用)等方面,利用统计模型分析地质灾害成灾关键指标。

4.1 地形地貌与地质灾害

4.1.1 地貌类型

宁波市历史地质灾害点的分布与地貌类型密切相关,主要分布于构造侵蚀低山、侵蚀剥蚀高丘地貌,占地质灾害点总数的79%,地质灾害点分别为239处、208处,点密度分别为0.41处/km²、0.22处/km²;侵蚀剥蚀低丘分布83处,山前及沟谷坡洪积斜地分布32处,平原区未有分布(表4-1,图4-1)。

表4-1 宁波市地质灾害地貌分布统计表

统计项目	不同地貌类型					总计
	平原	坡洪积斜地	侵蚀剥蚀低丘	侵蚀剥蚀高丘	构造侵蚀低山	
崩塌/处	0	19	48	95	101	263
滑坡/处	0	13	25	81	107	226
泥石流/处	0	0	10	32	31	73
总数/处	0	32	83	208	239	562
面积/km²	4 136.81	1 522.63	2 006.89	925.99	577.98	9 170.30
点密度/(处·km⁻²)	0	0.02	0.04	0.22	0.41	—

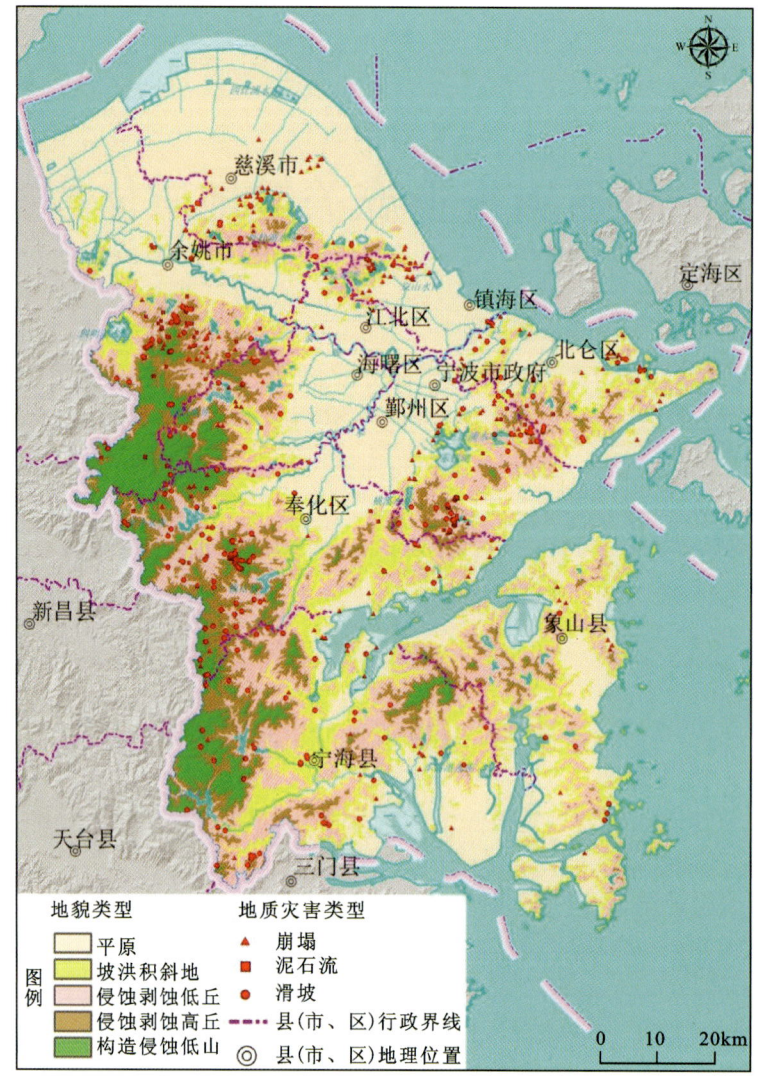

图 4-1　宁波市地质灾害与地貌类型空间分布图

4.1.2　坡度

1. 崩塌、滑坡

宁波市地质灾害与地形坡度密切相关。经统计,25°～45°的斜坡是滑坡、崩塌分布最集中的区段,共计 354 处,占地质灾害点总数的 72.39%;其次是 15°～25°、45°～60°,前者以滑坡为主,后者以崩塌为主,其余坡度少量分布地质灾害点(表 4-2,图 4-2)。

滑坡发育的微地貌形态以自然陡坡为主,坡度多在 15°～35°之间,该坡度区间的斜坡松散岩土体有一定的厚度,自稳能力较差,在自然条件下或人为坡脚开挖的作用下,极易发生滑坡。而坡度大于 50°的自然斜坡一般基岩裸露,松散岩土体较薄,发生滑坡的概率小,故滑坡灾害相对较少。

第4章 地质灾害形成关键地质体指标分析

表 4-2 宁波市滑坡、崩塌点地形坡度分布统计表

项目统计	不同地形坡度					
	<15°	15°~25°	25°~35°	35°~45°	45°~60°	≥60°
崩塌/处	3	22	106	85	46	1
滑坡/处	8	46	143	20	7	2
总计/处	11	68	249	105	53	3
占比/%	2.25	13.91	50.92	21.47	10.84	0.61

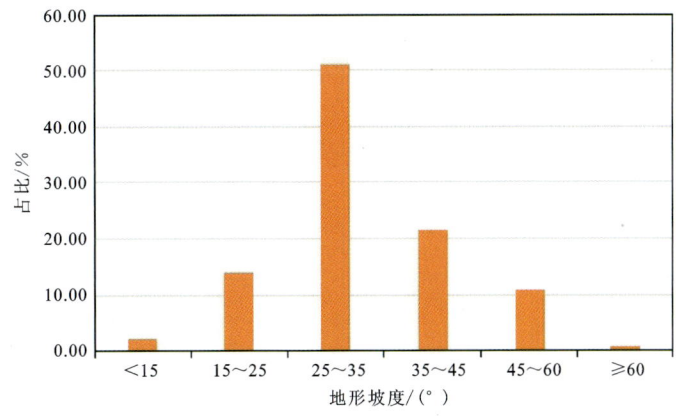

图 4-2 宁波市崩塌、滑坡与坡度分类统计图

崩塌一般发生在坡度大于45°的自然陡坡和坡度在25°~45°之间的人工边坡上。除自然陡坡形成的崩塌外,区内崩塌多是由切坡、筑路、建房、山体自然陡峻引起的。

2. 泥石流

山坡坡度的陡缓决定了分布于该坡度上松散物的稳定程度和数量。坡度平缓,松散物较丰富,但稳定程度好,难以形成补给源;坡度过陡,则松散物数量少,补给物质不足。据宁波市泥石流所处的地形坡度概况,山体主体坡度介于15°~35°,占斜坡总数量的82%,也就是说处于15°~35°之间坡面上的松散物作用力与其重力的分力处于临界平衡状态,在静、动水压力和暴雨的冲刷作用下,易成为泥石流的补给源。

泥石流运动过程中势能转化为动能不仅取决于高差的大小,还与沟床的坡降有关,一般来说沟床纵坡降越大,势能转化为动能的效率就越高。对于具有相同高差的泥石流而言,沟床坡降较大的,泥石流到达沟口的时间越短,运动速度越快,破坏力越强。沟谷纵坡降越大,泥石流运动速度越快,能量越大。宁波市地质灾害与坡度空间分布如图 4-3 所示。

4.1.3 坡向

宁波市已发生地质灾害在8个方位均有分布,其中东、东南、南、西南4个方位分布数量相对较多,其余方位分布数量差别不明显,说明地质灾害分布与坡向有一定关系。宁波市地处东南沿海地区,每年夏季季风为太平洋季风,从南而来,根据已有研究,迎风面的岩体更易风化,因此数据统计中偏南向的地质灾害分布数量相对最多(图 4-4)。宁波市历史地质灾害与坡向空间分布如图 4-5 所示。

图 4-3 宁波市地质灾害与坡度空间分布图

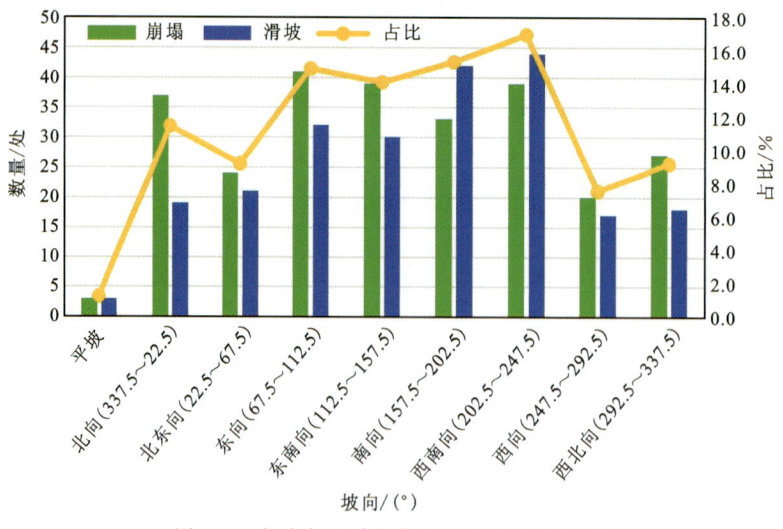

图 4-4 宁波市地质灾害与坡向分布统计图

第4章 地质灾害形成关键地质体指标分析

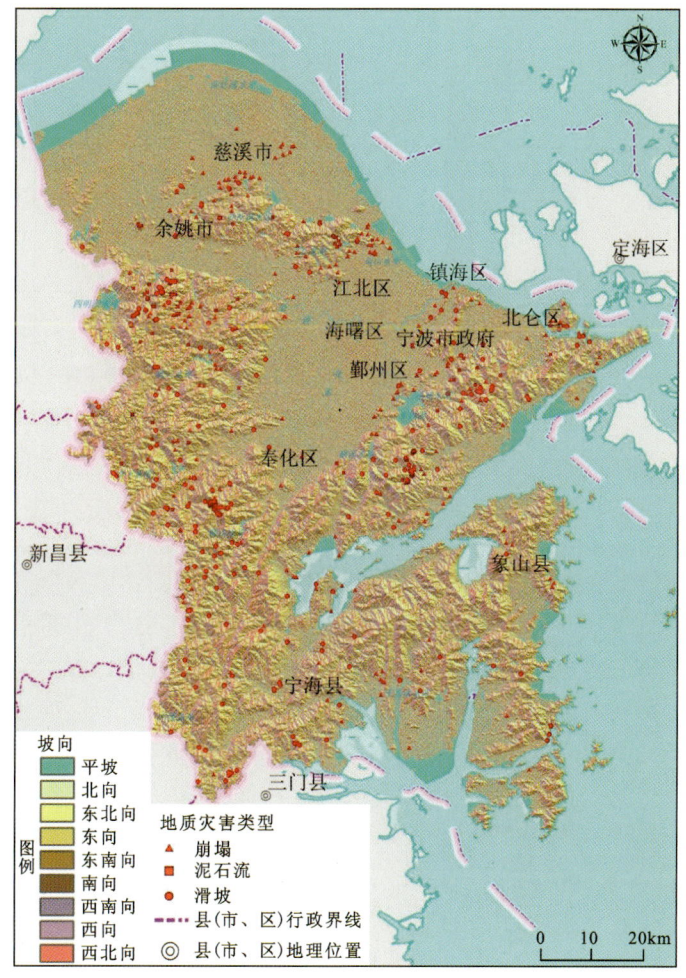

图 4-5　宁波市地质灾害与坡向空间分布图

4.1.4　坡形

斜坡坡面形态可以划分为凸形、直形/折线、凹形三大类型,以曲率正负作为区分标准,负的为凹形,正的为凸形,曲率接近零的为直线形。对崩塌、滑坡的曲率统计结果表明,地质灾害主要分布于凹形坡、凸形坡,说明具有转折端的坡形更易发生地质灾害,而且坡形曲率大小不是特别异常,集中分布的曲率大小为 $-2 \sim 2$,数量为 457 处,占地质灾害总数量的 93.4%(图 4-6)。宁波市地质灾害与曲率空间分布如图 4-7 所示。

4.1.5　起伏度

从崩塌、滑坡地形起伏度(50m×50m 范围)的统计数据可以看出,崩塌和滑坡主要分布于起伏度 5~25m 范围内,数量为 373 处,占地质灾害总数的 76.3%,其中崩塌以起伏度 5~15m 分布最多,滑坡以起伏度 15~25m 分布最集中(图 4-8)。虽然区内原始坡形起伏度不大,但区内人工切坡的改造形成高陡人工边坡,引发地质灾害,而统计数据为原始自然斜坡数据。宁波市历史地质灾害与起伏度空间分布如图 4-9 所示。

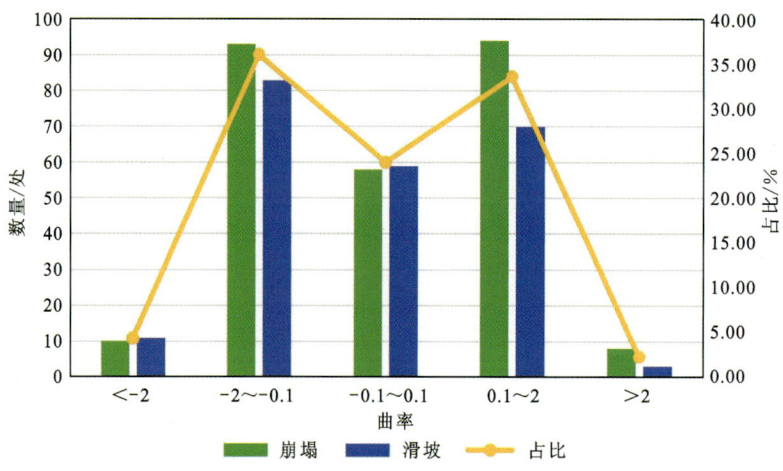

图 4-6　宁波市地质灾害与曲率分布统计图

图 4-7　宁波市地质灾害与曲率空间分布图

第 4 章 地质灾害形成关键地质体指标分析

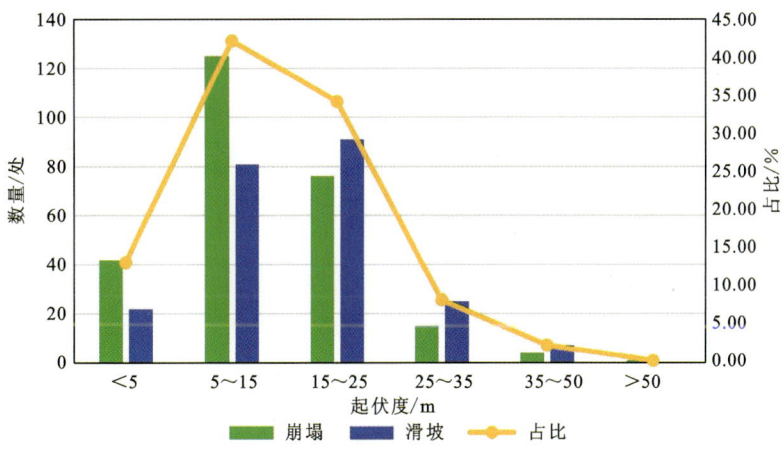

图 4-8 宁波市地质灾害与起伏度分布统计图

图 4-9 宁波市地质灾害与起伏度空间分布图

4.2　地质构造与地质灾害

地质构造是地质灾害形成和发生的重要控制因素之一,其中以断层、节理、层面的作用最为明显。本研究以区域地质调查中确定的断层为统计数据,分析宁波市地质灾害与断层之间的相关性。

宁波市67%的地质灾害分布在断层两侧0.5km范围以外,随着与断层距离的减小,地质灾害发生的概率有逐步下降的趋势;分布在断层两侧0.5km以内的地质灾害占地质灾害总数的33%(表4-3,图4-10)。从数据分析角度看,宁波市地质灾害的发生与断层之间的相关性较差,主要原因:一是依据地质灾害断层相关研究,受热动力变质作用和流体作用影响,部分

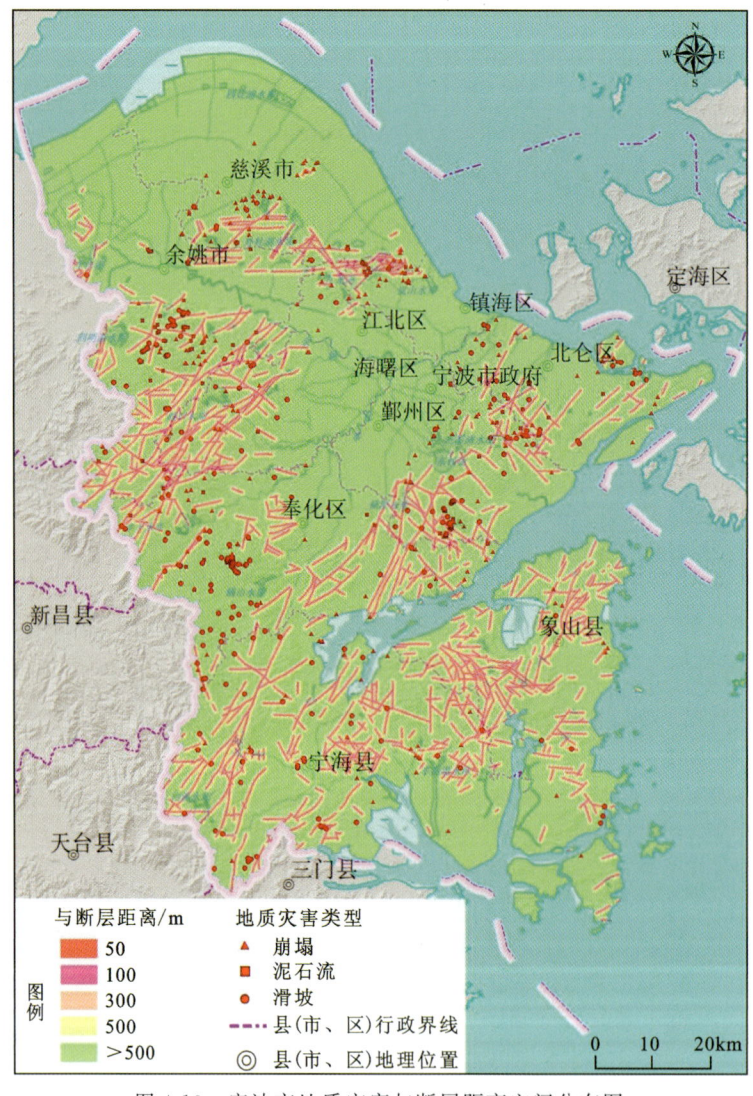

图4-10　宁波市地质灾害与断层距离空间分布图

断层已发生愈合,这部分断层附近的岩体完整性较好,并不利于崩塌、滑坡、泥石流等地质灾害的发生;二是大部分地质灾害受小微构造控制,这部分数据属于基础地质填图的空白区,目前未反映在基础地质相关图件中。

表 4-3　宁波市地质灾害分布与断层距离统计表

统计项目	与断层距离/m				
	0～50	50～100	100～300	300～500	≥500
崩塌数量/处	11	18	21	30	183
滑坡数量/处	11	4	34	24	153
泥石流数量/处	3	6	10	12	42
总计/处	25	28	65	66	378
百分比/%	4	5	12	12	67

4.3　工程地质岩组与地质灾害

地质灾害在工程地质岩组内分布统计关系如表 4-4 和图 4-11 所示。灾害分布数量较多的岩组为以坚硬块状熔结凝灰岩(Hi)为主和以较坚硬块状—层状凝灰质沉积碎屑岩(Hs)为主的岩组,分布数量分别为 189 处、232 处,合计占灾害总数的 75%,这两个岩组属于宁波市低山丘陵地貌分布范围最广的岩组,面积分别为 1138km²、3127km²;其次分布较多的是以花岗岩为主的侵入脉岩和潜火山岩,由于该类岩性分布面积小,灾害密度相对较大。

表 4-4　宁波市地质灾害与工程地质岩组关系统计表

序号	工程地质岩组名称	代号	数量/处	占比/%	面积/km²	密度/(处·km⁻²)
1	以坚硬—较坚硬块状片麻岩、变粒岩为主的岩组	Bg	0	0	2	0
2	以较坚硬片岩、千枚岩为主的岩组	Bs	6	1	22	0.27
3	以坚硬块状熔结凝灰岩为主的岩组	Hi	189	34	1138	0.17
4	以较坚硬块状—层状凝灰质沉积碎屑岩为主的岩组	Hs	232	41	3127	0.07
5	以坚硬块状晶屑、玻屑凝灰熔岩为主的岩组	Ht	41	7	475	0.09
6	以松散—中密砾石类土为主的岩组	LT	0	0	4	0
7	以淤泥质土、黏性土、粉砂土为主的岩组	NT	0	0	3384	0
8	以较坚硬—坚硬块状闪长岩为主的中性岩岩组	Qd	1	0	32	0.03
9	以坚硬块状花岗岩为主的酸性岩岩组	Qg	49	9	435	0.11
10	以较坚硬辉绿岩为主的基性岩岩组	Qj	1	0	12	0.08
11	以坚硬块状玄武岩为主的基性岩岩组	Rb	10	2	64	0.16

续表 4-4

序号	工程地质岩组名称	代号	数量/处	占比/%	面积/km²	密度/(处·km⁻²)
12	以坚硬块状流纹岩为主的酸性岩岩组	Rr	3	1	44	0.07
13	以坚硬层状砂岩、砂砾岩为主的粗碎屑岩岩组	Sc	10	2	151	0.07
14	以较坚硬中—厚层状红色砂岩、砂砾岩为主的粗碎屑岩岩组	SRc	20	4	253	0.08
15	以较坚硬中层状红色粉砂岩、泥岩为主的细碎屑岩岩组	SRf	0	0	27	0

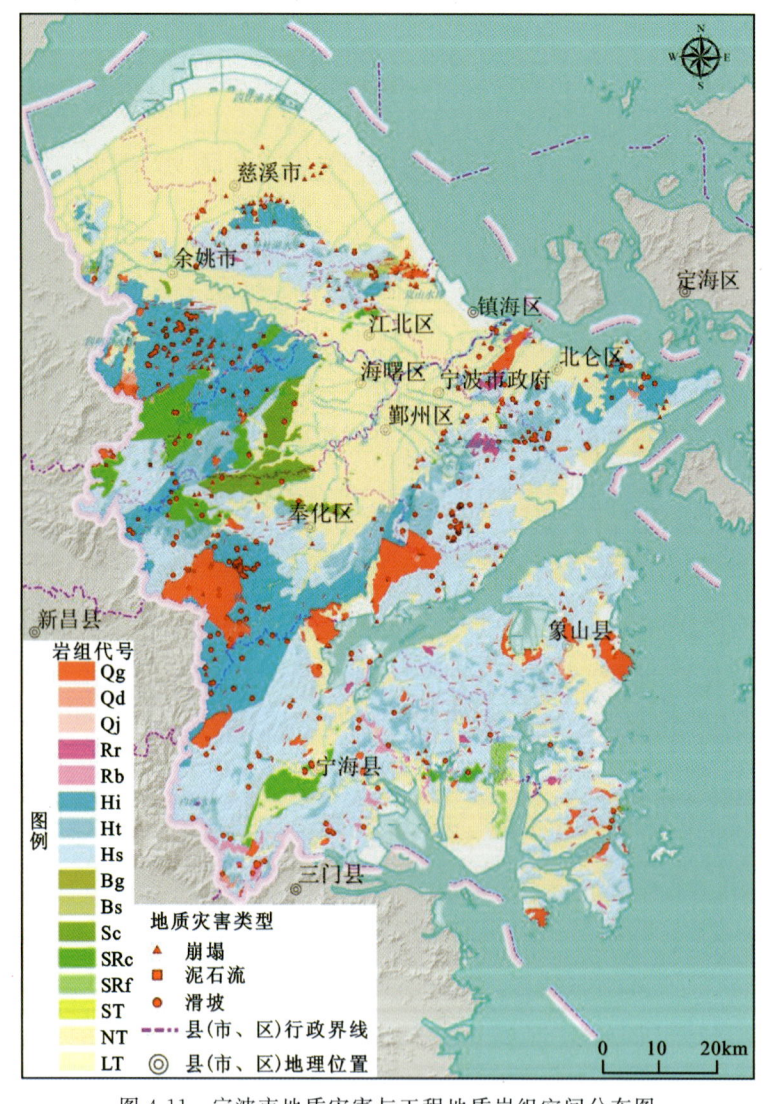

图 4-11　宁波市地质灾害与工程地质岩组空间分布图

4.4 人类工程活动与地质灾害

人类工程活动包括修路、建房、种植开垦、修建水库、采矿等活动。引起的地质灾害主要来自两个方面：一是人工边坡。削坡建房修路等工程活动开挖山体往往形成较为高陡的边坡，这就破坏了原自然斜坡的平衡稳定状态，形成临空面，并未进行支护或支护措施不合理，使得应力重新分布，在开挖面附近往往会形成应力集中带，从而形成张拉裂缝等变形迹象，在外界条件影响下易失稳形成滑坡、崩塌等地质灾害，少数甚至可能引发泥石流。二是人工弃渣。公路、矿山开采及水电建设施工过程中产生的弃渣和矿渣堆积形成边坡，因其结构松散，也易形成地质灾害隐患，如奉化区溪口镇董溪二村大树洋滑坡，为公路弃渣堆积在强降雨时发生失稳形成，董溪二村岭脚浒溪线沿线弃渣在强降雨时随雨水而下，形成大量泥石流物源。

宁波市562处地质灾害中有514处与房屋距离小于300m，占地质灾害总数的91%，有432处与房屋距离小于100m，占地质灾害总数的77%（表4-5）。受建房影响形成的地质灾害往往为小型，具有数量多、分布散、规模小的特征，对居民生命财产等形成了较大的威胁。由于地质灾害防治管理主要以人为本，自然资源部门统计的地质灾害多为发生在房屋附近的点，道路沿线的灾害点入库较少，因此就目前数据分析可以看出地质灾害主要分布于道路500m范围内（表4-6），属于人类工程活动较频繁的范围。土地利用对地质灾害影响方面，房屋建筑用地、竹林地崩塌和滑坡的灾害密度最大，其次是工矿用地等（表4-7），说明人类工程活动较强烈的土地利用类型，地质灾害较发育。宁波市地质灾害与道路、建筑空间分布如图4-12所示。

表 4-5 宁波市地质灾害与房屋距离统计表

统计项目	与房屋距离/m									总计
	<5	5~10	10~20	20~50	50~80	80~100	100~150	150~200	200~300	>300	
崩塌数量/处	127	13	22	30	16	8	12	10	13	12	263
滑坡数量/处	57	16	21	28	27	11	17	10	9	30	226
泥石流数量/处	13	6	14	13	8	2	5	3	3	6	73
总计/处	197	35	57	71	51	21	34	23	25	48	562
占比/%	35	6	10	13	9	4	6	4	4	9	100

表 4-6 宁波市地质灾害与道路距离统计表

统计项目	与道路距离/m								总计
	<20	20~50	50~100	100~200	200~300	300~500	500~1000	>1000	
崩塌数量/处	33	38	39	49	20	28	32	24	263
滑坡数量/处	19	25	37	34	17	29	31	34	226
泥石流数量/处	5	2	6	8	8	10	17	17	73
总计/处	57	65	82	91	45	67	80	75	562

表4-7 宁波市崩塌、滑坡与土地利用类型统计表

序号	土地利用类型	面积/km²	数量/处	密度/(处·km⁻²)	面积占比/%
1	水体	1198	0	0	13.1
2	公共建筑用地	202.5	0	0	2.2
3	房屋建筑用地	689.6	77	0.11	7.5
4	道路用地	225.9	3	0.01	2.5
5	旱地	412.1	20	0.05	4.5
6	水田	1 141.1	15	0.01	12.4
7	乔灌木林地	3 100.1	162	0.05	33.8
8	竹林地	836.8	128	0.15	9.1
9	经济林地	655.5	24	0.04	7.1
10	裸土地及荒地等	125.1	7	0.06	1.4
11	工矿用地	583.4	53	0.09	6.4

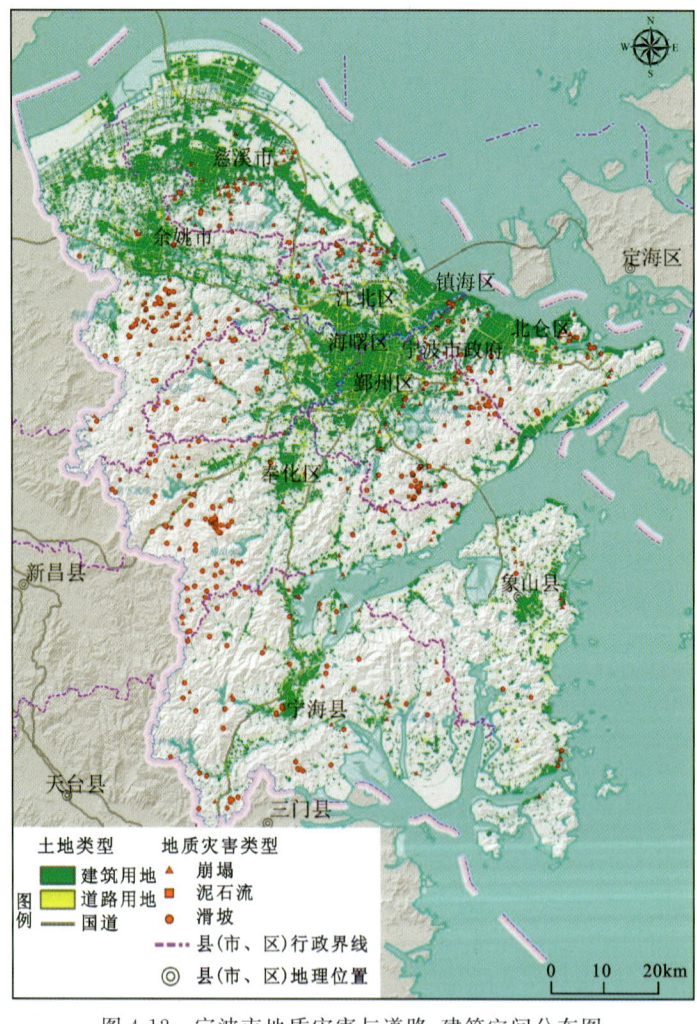

图4-12 宁波市地质灾害与道路、建筑空间分布图

4.5　地质体关键指标选取

通过上述分析,地貌、地形条件(坡度、坡向、坡形、起伏度)、地质条件(与断层距离、工程地质岩组)、人类工程活动(与房屋距离、与道路距离、土地利用类型)4个方面10个成灾条件影响地质灾害发育分布。基于指标之间相互叠加影响、指标与地质灾害的关联性以及指标的独特性和全面性,从10个成灾条件中选取了坡度、坡向、坡形、起伏度、与断层距离、工程地质岩组、土地利用类型7个指标,为充分发挥土地利用类型指标的有效性,建立了数学模型转换为土地开发强度,以便刻画评价对象的人类工程活动强度,提高评价的准确度。

4.5.1　地形条件

1. 坡度

坡度对地质灾害发生具有明显的控制作用,决定着坡体内部沿已有或潜在滑动面的剩余下滑力大小,而且很大程度上确定了斜坡变形破坏的形式和机制。坡度与下滑力呈正比,所以坡度被划为孕灾评价的重要因子。国内外大量的研究资料表明,在一定的坡度区间内地质灾害发育频繁,岩土体易失稳。依据前文研究分析的宁波市地质灾害发育及影响条件,将斜坡坡度划分为<15°、15°~25°、25°~35°、35°~45°、45°~60°和≥60°共6个级别。

2. 坡向

不同的坡向所承受的降雨量及日照时间均不同,在长期的地质作用下,形成了不同的坡体外形结构和地质结构。通过地质灾害与坡向相关性分析,地质灾害特别是滑坡与坡向具有明显的规律性。工作区内坡向按照平坡(0°)、北向(337.5°~22.5°)、北东向(22.5°~67.5°)、东向(67.5°~112.5°)、南东向(112.5°~157.5°)、南向(157.5°~202.5°)、南西向(202.5°~247.5°)、西向(247.5°~292.5°)、北西向(292.5°~337.5°)九个方位进行分级。

3. 坡形

坡形是地质灾害易发评价的重要指标之一,其影响主要表现在两个方面:一是影响地表水汇流、下渗以及地下水运移;二是影响岩土体重力势能分布。坡形是指地表坡面的形态,常用曲率来定量区分,曲率为正值,代表凸形坡,曲率为负值,代表凹形坡,曲率为零,代表直形坡。本研究利用数字高程模型(DEM)提取地表曲率,生成栅格图层,按照地质灾害孕灾特点,分为<-2、-2~-0.1、-0.1~0.1、0.1~2、≥2共5个等级。

4. 起伏度

起伏度为一定单元大小内的高程差,即单元内高程最大值与最小值的差值。起伏度对地质灾害有显著的影响,决定了斜坡转换为地质灾害的强度和影响范围。由于宁波市发生的地质灾害长度或宽度多小于50m，因此本次起伏度计算时单元大小为50m×50m，起伏度分为0～5m、5～15m、15～25m、25～35m、35～50m和≥50m共6个等级。

4.5.2 地质条件

1. 与断层距离

断裂构造与地质灾害发育、分布密切相关，是一个重要的孕灾条件。断裂构造带附近，岩石相对其他区域较为破碎，节理裂隙发育，为风化提供了有利条件，可形成深厚的带状风化壳，为地质灾害发生提供物质基础。根据斜坡与断层的距离刻画地质灾害易发性，将与断层距离划分为0～50m、50～100m、100～300m、300～500m和≥500m共5个等级。

2. 工程地质岩组

地层岩性和岩体结构类型为地质灾害形成提供了物源及成灾结构。工程地质岩组是依据岩体结构、岩石强度及岩体组合特征等对地层岩性归纳分类的岩性组合，一般情况下，性质坚硬、结构完整，抗剪强度大、抗风化能力强的岩石不易发生地质灾害；相反，岩性松软、结构不完整特别是裂隙发育程度高时，斜坡易失稳变形引发地质灾害。宁波市岩土体可划分为15个工程地质岩组，岩体以火山碎屑岩类的岩组为主，其次是沉积岩类，土体以古近纪—全新世松散岩类为主。

4.5.3 人类工程活动

宁波市地处经济发达地区，工农业和基础设施建设高速发展，导致地质灾害发生与土地开发强度息息相关。根据宁波市土地利用现状，工作区土地利用类型可划分为房屋建筑用地、道路用地、公共建筑用地、工矿用地、水田、旱地、经济林地、竹林地、裸土地及荒地等、乔灌木林地、水体共11个大类。依据人类工程活动强度，为每种土地利用类型赋予相应开发强度指数（表4-8）。

表4-8 土地利用类型与开发强度对应表

序号	土地类型		开发强度指数
1	建筑与工业用地	房屋建筑用地	1
2		道路用地	1
3		公共建筑用地	0.9
4		工矿用地	0.7
5	耕地	水田	0.9
6		旱地	0.8

续表 4-8

序号	土地类型		开发强度指数
7	林地	经济林地	0.6
8		竹林地	0.5
9		裸土地及荒地等	0.4
10		乔灌木林地	0.3
11	其他	水体	0.1

利用 GIS 工具箱统计地质灾害风险防范区内各土地利用类型的面积,不同土地利用类型面积乘以开发强度指数即得到归一化土地开发强度的面积,相互叠加后除以地质灾害风险防范区总面积,即获得土地开发强度指数(图 4-13)。地质灾害风险防范区土地开发总强度按照 $0\sim0.2$、$0.2\sim0.4$、$0.4\sim0.6$、$0.6\sim0.8$、$0.8\sim1.0$ 划分为 5 个等级。

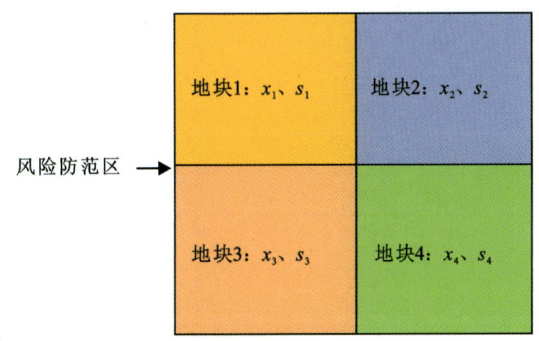

图 4-13 土地开发强度 GIS 计算模型图

地质灾害风险防范区土地开发总强度计算公式如下:

$$X=(x_1s_1+x_2s_2+\cdots+x_is_i)$$
$$S=s_1+s_2+\cdots+s_i \tag{4-1}$$

式中: X、S 分别为地质灾害风险防范区的土地开发总强度、面积; x_i、s_i 分别为地质灾害风险防范区内第 i 个计算栅格单元的土地开发强度、面积。

综上分析得出,宁波市地质灾害地质体的关键指标共 7 项,建立的指标库见表 4-9。该表可用于指导评价宁波市地质灾害风险防范区成灾条件区划工作。

表 4-9 宁波市地质体关键指标选取一览表

成灾条件	关键指标	分级标准	成灾条件	关键指标	指标分级
地形条件	曲率	<-2	地质条件	与断层距离/m	$0\sim50$
		$-2\sim-0.1$			$50\sim100$
		$-0.1\sim0.1$			$100\sim300$
		$0.1\sim2$			$300\sim500$
		≥2			≥500

续表 4-9

成灾条件	关键指标	分级标准	成灾条件	关键指标	指标分级
地形条件	坡度/(°)	<15	地质条件	工地地质岩组	Bg
		15～25			Bs
		25～35			Hi
		35～45			Hs
		45～60			Ht
		≥60			LT
	坡向/(°)	平坡(0)			NT
		北(337.5～22.5)			Qd
		东北(22.5～67.5)			Qg
		东(67.5～112.5)			Qj
		东南(112.5～157.5)			Rb
		南(157.5～202.5)			Rr
		西南(202.5～247.5)			Sc
		西(247.5～292.5)			SRc
		西北(292.5～337.5)			SRf
	起伏度 (50m×50m)/m	0～5	人类工程活动	土地开发强度指数	≤0.2
		5～15			0.2～0.4
		15～25			0.4～0.6
		25～35			0.6～0.8
		35～50			0.8～1
		50～121			

第 5 章　地质灾害成灾模式

为了开展宁波市地质灾害风险防范区成灾条件划分,本章从内、外动力学机制角度总结了宁波市滑坡、崩塌和泥石流 3 类地质灾害的成灾模式。

5.1　滑坡成灾模式

宁波市的滑坡主要为浅表层滑坡,其成灾机制可分为 4 类:蠕滑-拉裂、拉裂-滑移、拉裂-崩滑、侵蚀-溜滑。

5.1.1　蠕滑-拉裂模式

此类型滑坡滑体物质主要为位于斜坡中下部的坡积物及不同岩体强—全风化层,坡度一般 25°~35°,坡型为阶梯形、直线形。

此类型滑坡主要受降雨的影响。汛期降雨顺着岩土体孔隙、裂隙下渗,表层土体软化,孔隙水压力增加,土体抗剪强度下降,在重力推力作用下,浅表层土体发生蠕动,坡表产生拉张裂缝。降雨入渗形成稳定地下水水流,在强弱岩体接触界面形成光滑下垫面,上部蠕动岩体下滑力增加,形成贯通裂隙,滑体下错,前缘形成剪切裂隙,局部发生滑塌,规模一般较小。降雨停止以后,斜坡土体停止滑动,达到新的平衡状态(图 5-1)。未来的某个降雨周期可能激发滑坡再次启动,间隔时间可能为几小时、几天、几年或几十年。

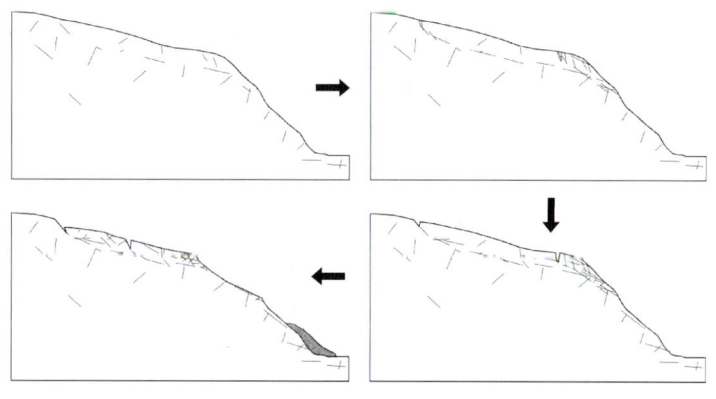

图 5-1　蠕滑-拉裂模式成灾示意图

此类型滑坡规模较大，一般大于 1 万 m³，厚度大于 5m，滑坡形态呈半圆形和舌形，滑面多为中强风化岩体接触界面或层理面、节理面，滑面呈直线形和弧形、阶梯形。坡表可见多条拉张和剪切裂缝，后期由于耕种、人为改造等因素，裂隙不可见。该类滑坡隐蔽性强、危害严重，破坏时间难以预测，应高度重视。

5.1.2 拉裂-滑移模式

该类型滑坡多发生于房前屋后，坡度一般 25°～40°，坡型为凸形、直线形，坡脚存在高度小于 3m 高的人工切坡。滑体物质主要为浅表层坡积物及不同岩体的全—强风化层，规模一般 0.1 万～1 万 m³，厚度一般小于 3m。滑坡形态呈长方形和舌形，滑面多为层内错动带、中强风化岩体接触界面或层理面、节理面，滑面呈直线形和弧形。滑体全部堆积于坡脚（图 5-2）。该类滑坡突发性强、速度快、时间短，滑移距离能达到滑体长度的 1.5 倍，常造成 1～2 户人员伤亡或财产损失。

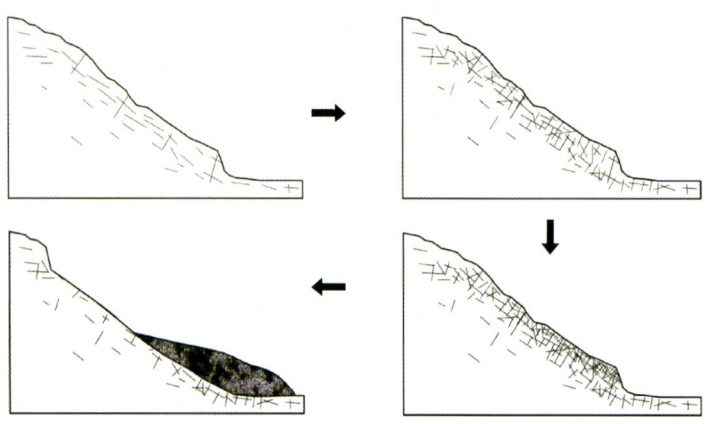

图 5-2 拉裂-滑移模式成灾示意图

此类型滑坡主要受降雨的影响。汛期降雨顺着岩土体孔隙、裂隙下渗，表层土体软化，孔隙水压力增加，土体抗剪强度下降，在重力作用下，浅表层土体发生滑移，坡表产生拉张裂缝，滑体迅速向下滑动，最终全部发生失稳破坏，堆积于坡脚，失稳时间多在 1～2h 之内，也有时甚至发生在几秒之内。

5.1.3 拉裂-崩滑模式

拉裂-崩滑是宁波市滑坡最常见的模式。此类型滑坡多发生于房前屋后工程切坡坎肩部位，微地貌多呈台地。这些边坡的坡高一般在 10m 以下，坡度在 50°以上，与原始斜坡形成明显的坡形转折。在开挖山体后，切坡顶端产生应力集中带。在降雨条件下，表层土体软化，在重力条件下，边坡陡坎后缘 1～3m 处拉裂，出现裂缝，在极短的时间内发生滑塌，滑距一般较短。

此类型滑坡滑体物质主要为浅表层坡积物及不同岩体全风化层，规模一般小于 0.1 万 m³，厚度小于 3m，滑坡形态呈长方形和半圆形，滑面多为层内错动带，滑面呈弧形，滑体全部堆积于坡脚（图 5-3）。该类滑坡突发性强、速度快、时间短、发生频率高，常造成 1 户屋后墙体受损或人员伤亡。

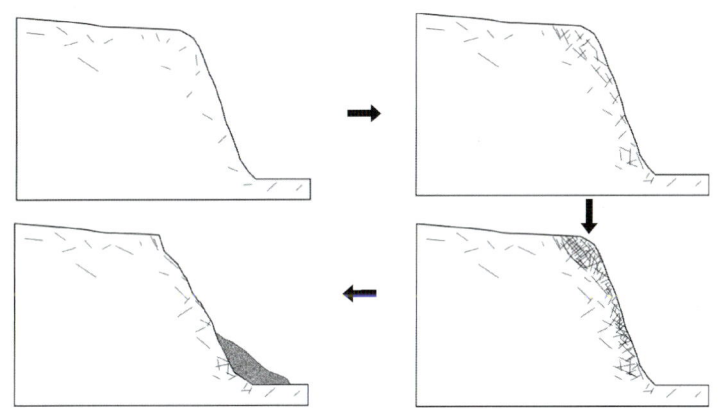

图 5-3 拉裂-崩滑模式成灾示意图

5.1.4 侵蚀-溜滑模式

此类型滑坡多发生于斜坡中上部陡峻部位，坡度一般为 30°～40°，坡型为凸形、直线形，易转化成泥石流。滑体物质主要为浅表层坡积物，厚度一般小于 1m，下部为完整、光滑的花岗岩与凝灰岩等基岩。滑坡规模一般小于 0.1 万 m³，形态呈长条形，长是宽的 10～20 倍，滑面多为基岩与覆盖的接触面，滑面呈直线形（图 5-4）。此类型滑坡突发性强、速度快、时间短。

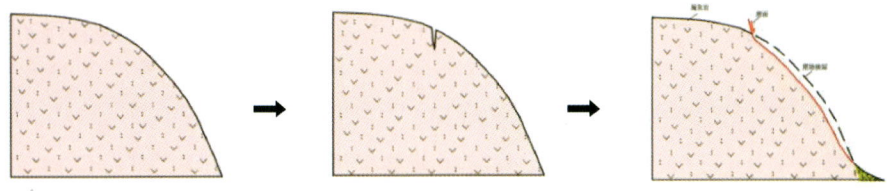

图 5-4 侵蚀-溜滑模式成灾示意图

此类型滑坡主要受台风暴雨及强降雨的影响，降雨形成动力强的地表径流，不断冲刷、侵蚀地表的土体，在坡体转折端或斜坡某部位表层土体沿光滑基岩面产生溜滑，水土混合进而形成滑坡。

5.2 崩塌成灾模式

宁波市崩塌主要发生于基岩区，成灾模式主要有拉裂-滑移式、拉裂-倾倒式。土质崩塌成灾模式同滑坡的拉裂-崩滑模式，不再赘述。

基岩拉裂-滑移式、拉裂-倾倒式崩塌主要发生于岩质较坚硬—坚硬的凝灰岩、花岗岩、玄武岩、砂砾岩等基岩区，此区多存在工程切坡形成的高陡临空面或构造侵蚀成因的陡崖、孤立的柱状危岩体，临空面高 5m 以上。岩体一般发育两组以上的节理，节理贯通性较好，间距大于 0.5m，呈块裂结构。不同节理结构面组合成灾模式如图 5-5 所示，多存在顺坡向的滑移面，节理切割岩体块度较大，局部区域发育不规则的风化裂隙。

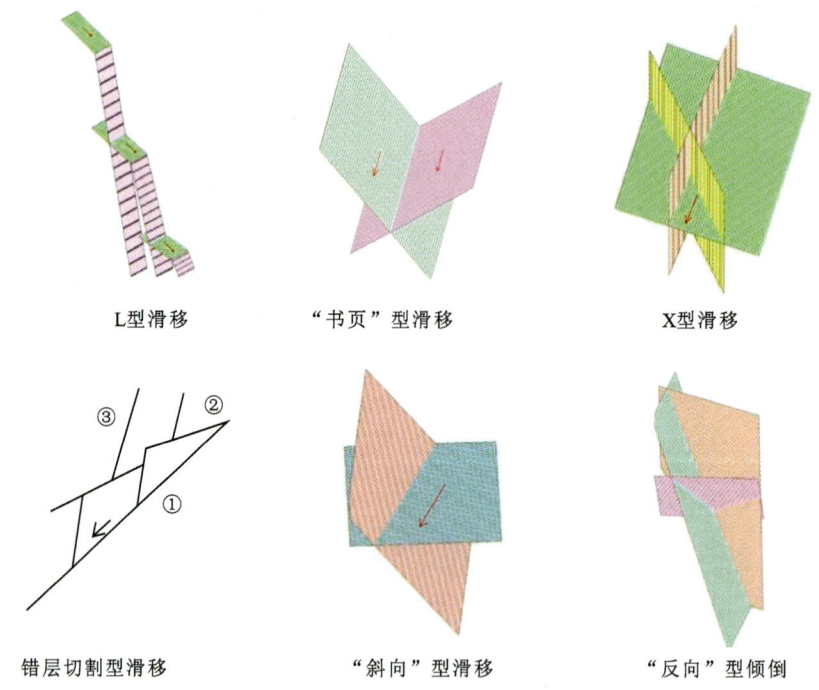

图 5-5　不同节理结构面组合成灾模式

汛期内降雨沿着节理裂隙入渗,形成光滑滑面,在重力作用下,被切割的岩体沿着顺坡向的节理发生滑移,沿临空面剪出,或随着下部岩体的剥落,形成临空面,突出岩体最大张拉应力超过岩体强度发生拉裂折断,发生倾倒式崩塌。

陡崖区域多以块石崩落为主,跳跃、翻滚在斜坡平缓地区或坡脚受阻后停止运动。块石块度一般较大。剥落以后陡崖局部形成"V"形、"L"形和弧形坡,坡度一般在 50°～80°之间,整体斜坡不受影响(图 5-6)。

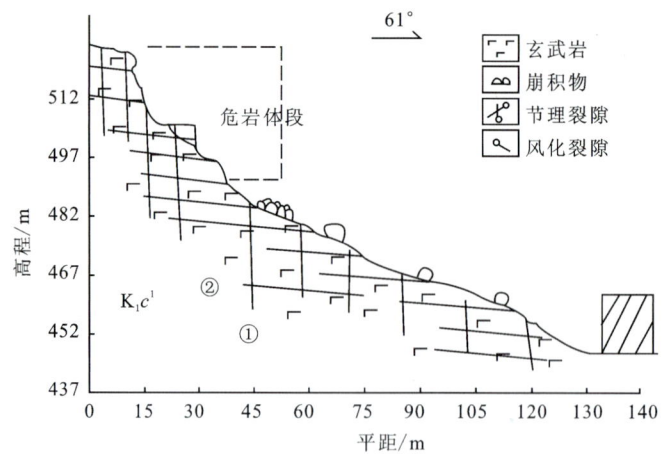

图 5-6　陡崖崩塌及成灾模式

工程切坡形成的高陡临空面发生的崩塌规模一般小于1000m³,堆积于坡脚,滑距小于10m。崩塌后缘壁多呈长方形,剖面呈阶梯形或直线形,岩壁陡立(图5-7)。

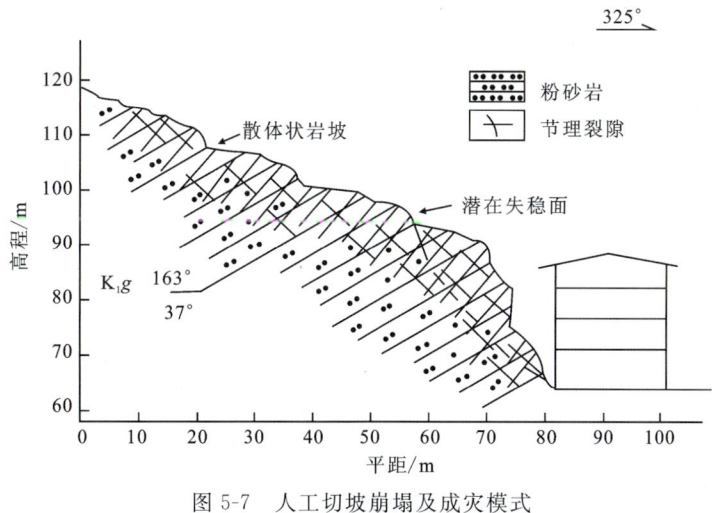

图 5-7　人工切坡崩塌及成灾模式

5.3　泥石流成灾模式

宁波市主要发育3种模式的泥石流:滑坡-碎屑流-泥石流(坡面型)、滑坡-洪流-泥石流(支沟型)、面蚀-洪流-泥石流(主沟型)(图5-8)。

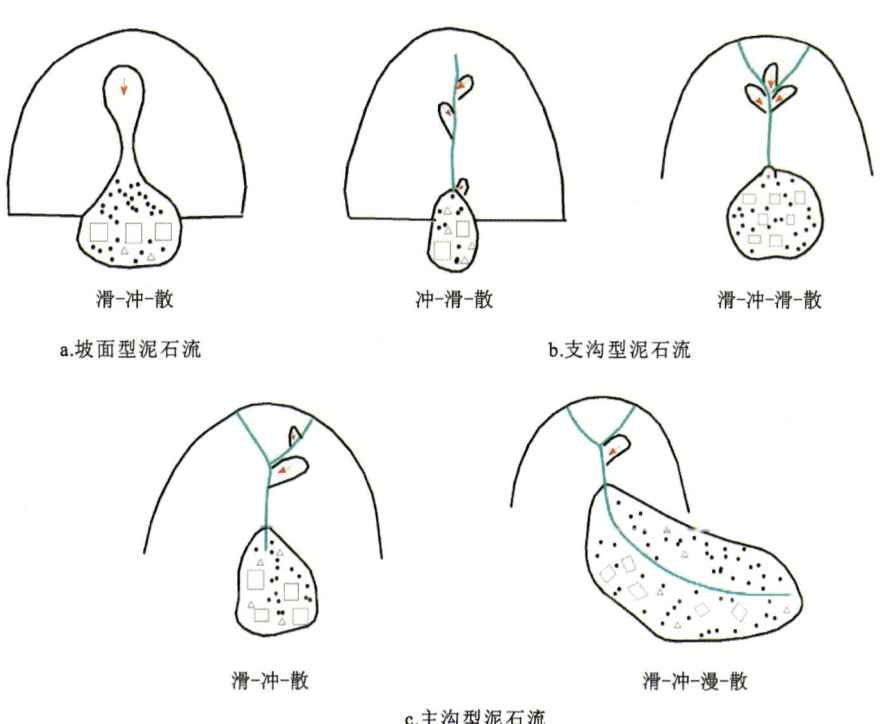

图 5-8　台风暴雨诱发泥石流的3种类型和5种形态

5.3.1 滑坡-碎屑流-泥石流

此类泥石流为坡面泥石流，主要发生于山体中上部陡坎、坡体转折端、公路切坡地段等，下游多为负地形。

在台风暴雨条件下，斜坡中上部陡坎、坡体转折端、公路切坡地段岩体风化而破碎，岩土体在重力作用下发生拉裂-滑塌，滑坡规模一般小于 $1000m^3$，滑坡多呈半圆形，滑坡完全解体，形成碎屑流，与负地形处汇聚的地表径流混合，重度增加，顺沟槽直流而下，沿路刮铲沟道及两侧岩土体，冲毁下游房屋。堆积体扇形不完整，呈面条状，泥位 $1\sim3m$。

5.3.2 面蚀-洪流-泥石流

此类泥石流为支沟内发生的泥石流，主沟坡降比较大，纵比降在 $300‰\sim600‰$ 之间，汇水面积小于 $0.05km^2$。

在暴雨条件下，沟道两侧坡积物在极端强降雨的冲刷侵蚀作用下，沿光滑基岩与覆盖层的接触面下滑，与沟道内洪流汇合，沿路刮铲沟道内碎石，并掏蚀两岸土体，在沟谷冲毁前期冲洪积堆积体形成泥石流，冲毁沟口建筑。由于受建筑的阻挡，堆积体扇形不完整，堆积体中可见大量的树木、块石、黏土等，泥位 $2\sim3m$。沟道两侧和后缘可见呈猫爪形态的多条长条形的坡面泥石流。此类泥石流危害大，造成损失严重。

5.3.3 滑坡-洪流-泥石流

此类泥石流为主沟内发生的泥石流，主沟坡降纵比降在 $200‰\sim300‰$ 之间，汇水面积小于 $0.1km^2$。

在暴雨条件下，沟谷后缘或沟道两侧浅表层土体及风化层、碎块石软化后，在重力作用下发生拉裂-滑移，形成滑坡，堆积于沟道内，堵塞河道，在汇聚于沟道内的洪水冲刷携带作用下形成泥石流，沿路刮铲沟道内碎石，并掏蚀两岸土体，泥石流重度不断增加，冲毁沟口建筑，堆积体中可见大量块石。堆积体从扇根到扇缘物质颗粒有由粗到细的变化规律，呈扇形堆积，泥位 $2\sim5m$。

第6章 地质灾害风险防范区成因机制

基于宁波市地质灾害发育分布规律及成灾模式总结,本章对地质灾害风险防范区成因机制进行分析,并结合3处典型风险防范区实例进行叙述。

6.1 南岚村村委会南风险防范区

6.1.1 风险防范区概况

南岚村村委会南风险防范区位于宁波市余姚市大岚镇南岚村村委会南社区卫生站南侧斜坡。总体斜坡坡向240°左右,地形总体北、东、南三面高,西侧低,东南侧高程约560m,西侧高程约500m,相对高差约60m。区内斜坡地形坡度10°~20°,坡面为耕地,主要种植园林绿化苗木和少量农作物(图6-1)。

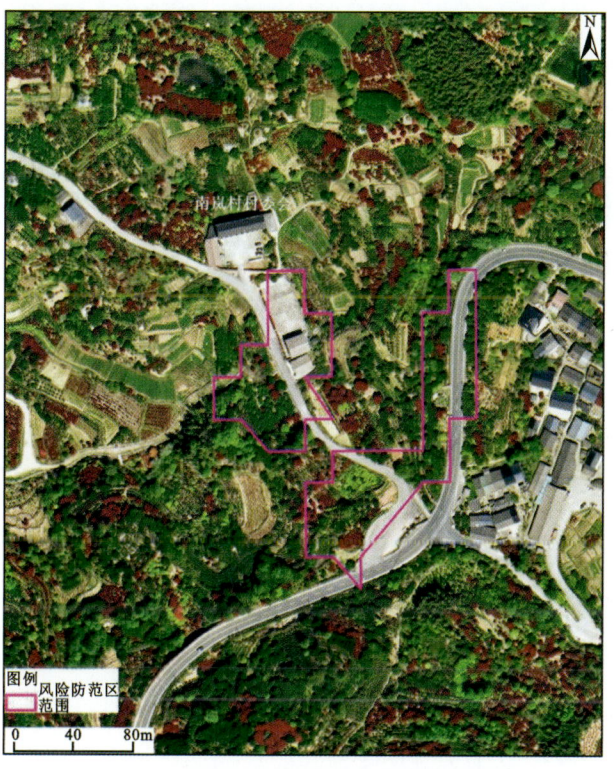

图6-1 南岚村村委会南风险防范区全貌

6.1.2 风险防范区地质环境条件

1. 地形地貌

区域地貌为剥蚀山地(低山),地形总体北东高、南西低。微地貌呈凹形坡,上部坡度在 20°左右,下部坡度 15°～20°(图 6-2),坡脚河谷区开阔平缓(图 6-3)。

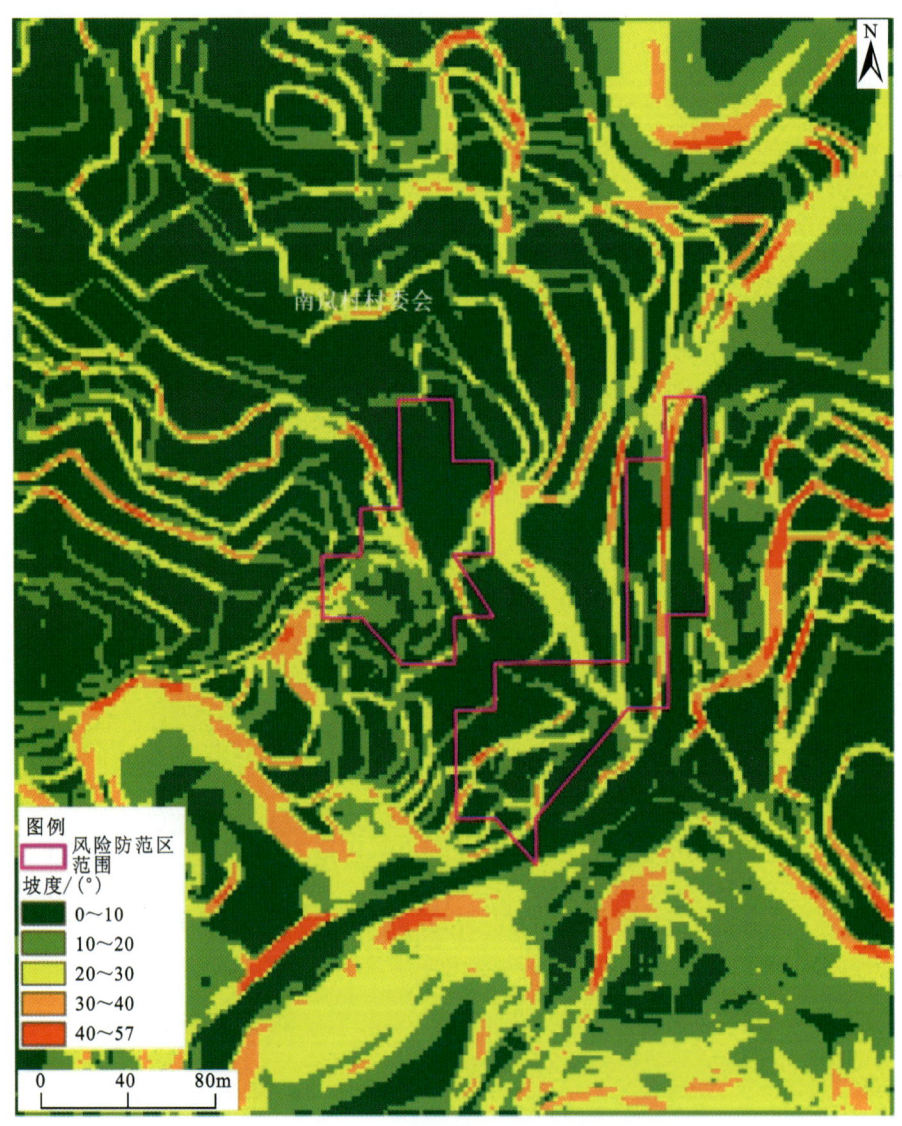

图 6-2 南岚村村委会南风险防范区坡度图

2. 地层及工程地质

该风险防范区内及周边地区出露地层主要为第四系坡积层(Qh^{dl})、上新统嵊县组(N_2s)及下白垩统馆头组(K_1gt)。区域内表层发育厚 2.0～4.9m 的人工填土和厚 1.5～8m 的坡积

第6章 地质灾害风险防范区成因机制

图6-3 南岚村村委会南风险防范区山体阴影图

含碎石粉质黏土,碎石含量10%～30%,碎石岩性为凝灰质砂岩,粒径1～5mm,一般上部结构较密实,下部稍密—中密。基岩为泥岩和凝灰质砂岩、含砾凝灰质砂岩,泥岩全风化层厚1.8～17.3m,中风化层厚2.8～17.4m;凝灰质砂岩、含砾凝灰质砂岩全风化层厚1.0～11.2m,强风化层厚0.7～7.7m。

3. 水文地质

斜坡坡表地形较为平缓,发育少量小冲沟,流向10°左右,汇入坡脚溪流。区内地层上部为第四系坡积含碎石粉质黏土(公路路基处分布人工填土),下部为下白垩统馆头组凝灰质砂岩、泥岩及含砾凝灰质砂岩。根据动力触探分析,上部第四系覆盖层结构稍密—中密,岩土体透水性较好；下部全、强风化层中密，其中全、强风化凝灰质砂岩呈砂状或碎块状，透水性好，下部分布泥岩，岩体透水差，为相对隔水层。根据钻孔水位观测，勘查区地下水埋深 0.5～12m，地下水主要埋藏于含碎石粉质黏土中，局部埋藏于全风化地层中。地下水水位线总体与地形一致，向西侧冲沟内排泄。

4. 降雨

该风险防范区及周边多年平均年降雨量 1350～2130mm（1978—2020 年），受地理位置、地形地貌、风向等因素的影响，不同地貌区域降雨有明显差异。累年月均降雨总体呈现双峰型，主要集中于 5—6 月的梅雨季和 7—9 月的台风季，主汛期 5—9 月的降雨量约占全年降雨量的 60%。

台风暴雨属于该区域主要的极端降雨。2013 年 10 月 6—9 日，余姚市受第 23 号"菲特"强台风的影响，遭遇百年一遇的特大暴雨，根据收集的余姚市气象局自动雨量观测站资料，全市过程面雨量达 449mm，其中最大的上王岗站降雨量超过百年一遇降雨量，达到了 721mm，引发区内地质灾害多发、群发。2021 年受台风"烟花"影响，7 月 20 日 08 时至 26 日 16 时余姚大岚镇丁家畈站累计降雨量达 1010mm，为记录以来的最大过程降雨量。

6.1.3 地质灾害发育及形变特征

受台风"烟花"影响，2021 年 7 月 25 日 02 时至 26 日 02 时，累计降雨量达 556mm，7 月 25 日余姚市大岚镇南岚村村委会南社区卫生站西侧道路西侧西石线道路和浒溪线道路变形开裂，7 月 26 日裂缝加剧并下错，处于蠕动变形阶段。

根据调查，区内共发育 8 条拉裂缝和 1 处地面隆起，其中 L1 和 L2 位于浒溪线上，延伸较长；L3、L4 位于南岚村卫生站西北侧，L3 延伸较长且拉开错动明显，L4 延伸较短，平行发育多条；L5 位于西石线上，L6 和 L7 位于西石线西侧；地面隆起位于文化大舞台北侧。裂缝分布位置见图 6-4。

区内裂缝基本特征描述如下。

L1：裂缝长约 110m，走向 NE10°，宽约 10cm，下错 3～10cm，可见深度 2～10cm。自北向南裂缝宽度、下错高度和可见深度逐渐变小。

L2：裂缝长约 80m，走向 NE10°，拉开宽 6～7cm，下错 2cm，可见深度约 5cm。

L3：裂缝长约 45m，走向 NW10°～15°，拉开宽 3～10cm，最大下错 15cm，可见深度约 70cm。

L4：裂缝长 7～20m，平行发育 4 条，走向 NW10°，拉开宽 0.5～1cm，无明显下错，可见深度 1～2cm。

L5：裂缝长约 40m，走向 NE20°～NW，拉开宽 3～6cm，最大下错 30cm，可见深度约 15cm。

L6：裂缝长约 54m，走向 NE20°～50°，拉开宽 3～5cm，最大下错 20cm，可见深度约 40cm。

L7：裂缝长约 11m，走向 NW15°，拉开宽 3～5cm，可见深度约 5cm。

L8：裂缝长7～40m，走向NW10°～NE70°，拉开宽2～20cm，下错2～20cm，可见深度1～10cm，平行发育多条。

地面隆起：走向约NE70°，隆起高度约10cm。

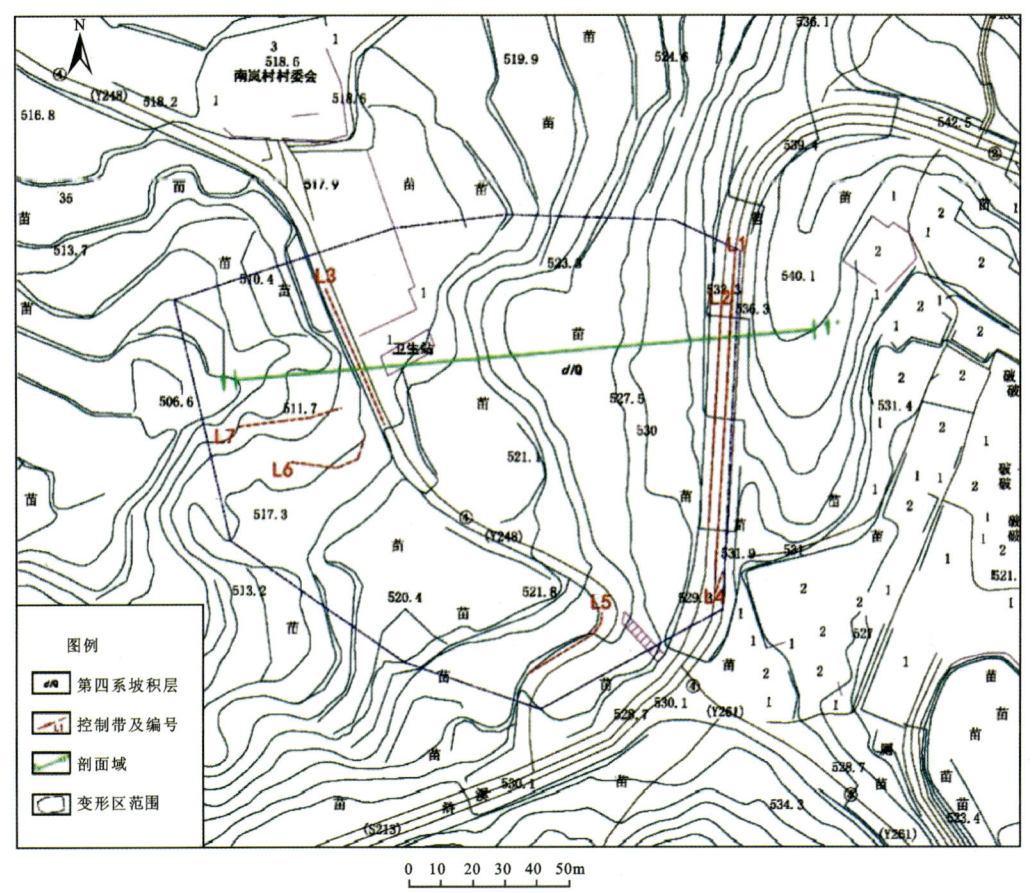

图6-4 变形区地质平面图

根据地形及裂隙分布，该风险防范区可划分为4个变形区域，编号分别为A区、B区、C区和D区（图6-5）。

1. A区形变特征

A区位于浒溪线，道路西侧采用浆砌块石挡墙拦挡，挡墙高2～5m。道路走向约NE10°，道路中心和西侧挡墙接触部位有拉裂缝，裂缝走向与道路走向一致。根据地质勘探，道路路基为人工填方路基，填方厚度2.2～4.9m，厚度自北向南逐渐减小；下部为坡积含碎石粉质黏土，厚度2.2～8m，坡积层下部为全风化凝灰质砂岩、含砾凝灰质砂岩，全风化地层未见挤压、揉搓等扰动现象，表明该区域变形发生于全风化地层以上部位。根据路面调查，路面变形在DZK8钻孔处最强烈（图6-6），向南逐渐减弱，表明路面变形与路基填方正相关，调查挡墙西侧自然斜坡，未见变形拉裂现象，因此分析认为A区变形主要为填方路基变形。A区变形区面积约900m^2，厚度2～5m，变形体积约2800m^3。

图 6-5 变形区分区位置

2. B 区形变特征

B 区位于南岚村卫生站西侧西石线,道路西侧采用浆砌块石挡墙拦挡,挡墙高 1~2m。道路走向 NW10°~15°。卫生站有拉裂缝,裂缝走向与道路走向一致。根据地质勘探,道路路基为人工填方路基,填方厚度 1~3m,厚度自北向南逐渐减小;下部为坡积含碎石粉质黏土,厚度 7m,坡积层下部为全风化凝灰质泥岩,全风化地层未见挤压、揉搓等扰动现象(图 6-7),表明变形发生于全风化地层以上部位。根据调查,变形主要在卫生站西侧路面,调查卫生站内地面和围墙均未发现变形迹象。变形区西侧有冲沟发育,沟底与路面高差约 2m,因此分析认为 B 区变形底面在沟底部位,变形地层主要为填方层。B 区变形区面积约 850m²,厚度 1~2m,变形体积约 1200m³。

3. C 区形变特征

C 区位于浒溪线与西石线路口处,西石线路面有拉裂缝,裂缝呈弧状发育,与道路走向基本一致。根据地质勘探,道路路基为人工填方路基,填方厚度 4.5m,下部为全风化凝灰质泥岩,全风化地层未见挤压、揉搓等扰动现象(图 6-8),表明变形发生于全风化地层以上部位。填方区地形坡度约 15°,前缘以下自然斜坡地形平缓,坡面未发现变形迹象,因此分析认为 C 区变形地层主要为填方层。C 区变形区面积约 1160m²,厚度 1~4m,变形体积约 2000m³。

图 6-6　DZK8 钻孔岩芯(位于 A 区)

图 6-7　DZK3 钻孔岩芯(位于 B 区)

4. D 区形变特征

D 区位于西石线西侧,斜坡地形坡度约 10°,前缘冲沟发育,因降雨时沟水冲刷淘蚀有坍塌现象。该区域裂缝发育密集。根据地质勘探,斜坡上部为坡积含碎石粉质黏土,厚度约 1.7m;下部为全风化凝灰质砂岩和强风化泥岩,全凝灰质砂岩厚度约 1.5m,原岩结构已破坏,呈泥状,软塑—可塑;强风化泥岩未见挤压、揉搓等扰动现象(图 6-9),表明变形发生于强风化泥岩地层以上部位。斜坡前缘临沟,降雨时沟内水流冲刷淘蚀坡脚,前缘不断坍塌牵引斜坡变形。根据调查访问,该区以往降雨时有变形现象。D 区变形区面积约 1820m^2,厚度约 3.5m,变形体积约 6000m^3。

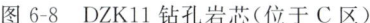
图 6-8　DZK11 钻孔岩芯(位于 C 区)

图 6-9　DZK6 钻孔岩芯(位于 D 区)

A 区和 B 区之间自然斜坡地形坡度 5°~10°,钻孔揭示斜坡表层为坡积含碎石粉质黏土,下部为全—强风化凝灰质砂岩、泥岩,岩芯未见挤压、揉搓等扰动现象(图 6-10、图 6-11)。根据野外调查,坡面未发现变形、开裂现象。坡面多处分布坟墓,坟墓由混凝土、浆砌石修建而成,未见变形、开裂迹象。坟墓修建于1990年以前,距今已有30余年,表明斜坡近30年未发生过变形。

图 6-10　DZK4 钻孔岩芯(一)

图 6-11　DZK4 钻孔岩芯(二)

C区和D区之间自然斜坡地形坡度约5°,钻孔揭示斜坡表层为坡积含碎石粉质黏土,下部为全风化凝灰质砂岩,岩芯未见挤压、揉搓等扰动现象(图6-12、图6-13)。根据野外调查,坡面未发现变形、开裂现象。

图 6-12　DZK10 钻孔岩芯(一)

图 6-13　DZK10 钻孔岩芯(二)

6.1.4　风险防范区稳定性分析

基于野外调查、工程钻探、岩土力学测试等数据,采用模拟软件 Massflow 开展风险防范区不同降雨强度条件下稳定性数值模拟。

1. 参数选取

根据前期勘察获得数据,在模拟时设置滑体黏聚力为 22kPa,密度为 $1.9 \times 10^3 \mathrm{kg/m^3}$,基底摩擦系数为 0.4,滑体的超孔隙水压力系数根据不同的降雨工况适当选取参数(表6-1)。Massflow 中计算网格单元划分为 197×242。

表 6-1 南岚村村委会南风险防范区建模分层岩土参数选取表

材料类别	分层厚度 H/m	含水率 w/%	黏聚力 c/KPa	内摩擦角 φ/(°)	饱和度 S_r/%	相对密度 G_s	密度 ρ/(g·cm^{-3})
人工填土	1.40	34.8	31	14.6	92	2.74	1.78
含碎石粉质黏土	3.40	47.5	23	4.8	99	2.75	1.72
全风化凝灰质砂岩	4.40	39.0	27	9.7	94	2.74	1.74
强风化凝灰质砂岩	2.80	33.0	25	6.6	98	2.72	1.90
全风化泥岩	7.70	48.0	22	6.3	100	2.75	1.72
强风化泥岩	17.3	24.4	36	15.3	90	2.71	1.91

2. 模拟工况

依据宁波市历史降雨情况,设置以下 3 种降雨工况对斜坡稳定性进行分析。

(1)工况 1。50 年一遇,24h 降雨量 560.26mm。

(2)工况 2。100 年一遇,24h 降雨量 617.79mm。

(3)工况 3。200 年一遇,24h 降雨量 672.58mm。

3. 模拟结果分析

1)工况 1

工况 1 模拟结果(图 6-14、图 6-15)显示:区域内 2 处斜坡发生滑动,滑坡的整个运动过程以溜滑为主,在 $t=0$s 到 $t=20$s 期间以较为快速的溜滑为主,在 $t=20$s 以后,滑体溜滑的速度降低,大约历时 50s,滑体便停止运动。一部分滑体物质残留在源区,另一部分滑体物质溜滑下来主要对下方的道路和耕地造成冲击,掩埋厚度 1~6m。目前 2 处斜坡均处于蠕动变形阶段,滑体的厚度约 12m。

2)工况 2

工况 2 模拟结果(图 6-16、图 6-17)显示:区域内 3 处斜坡发生滑动,滑坡的整个运动过程以溜滑为主,在 $t=0$s 到 $t=20$s 期间以较为快速的溜滑为主,在 $t=20$s 以后,滑体溜滑的速度降低,大约历时 100s,滑体便停止运动。斜坡主要分布在乡村道路两侧以及道路中部,由于地形较为平缓,斜坡失稳后滑距较短,可能对附近的道路造成掩埋阻塞以及对耕地和园林绿化苗木造成破坏,3 个斜坡体包围的中间道路受到冲击的可能性最大,建议加强防护措施。

3)工况 3

工况 3 模拟结果(图 6-18、图 6-19)显示:区域内 3 处斜坡发生滑动,滑坡的整个运动过程以溜滑为主,在 $t=0$s 到 $t=20$s 期间以较为快速的溜滑为主,在 $t=20$s 以后,滑体溜滑的速度降低,大约历时 48s,滑体便停止运动。斜坡主要分布在乡村道路两侧及道路中部,斜坡失稳对道路造成冲击,并滑向地势低洼处,对公路和园林绿化苗木造成一定的破坏。

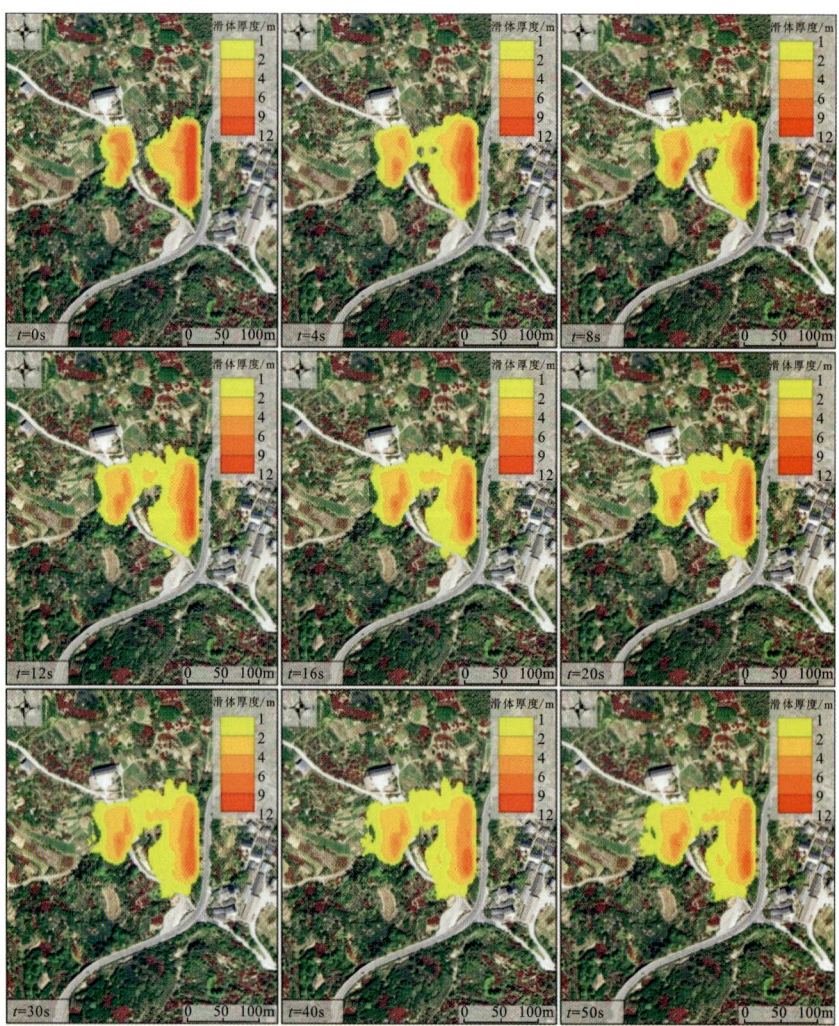

图 6-14　南岚村村委会南风险防范区工况 1 不同时刻滑体深度图

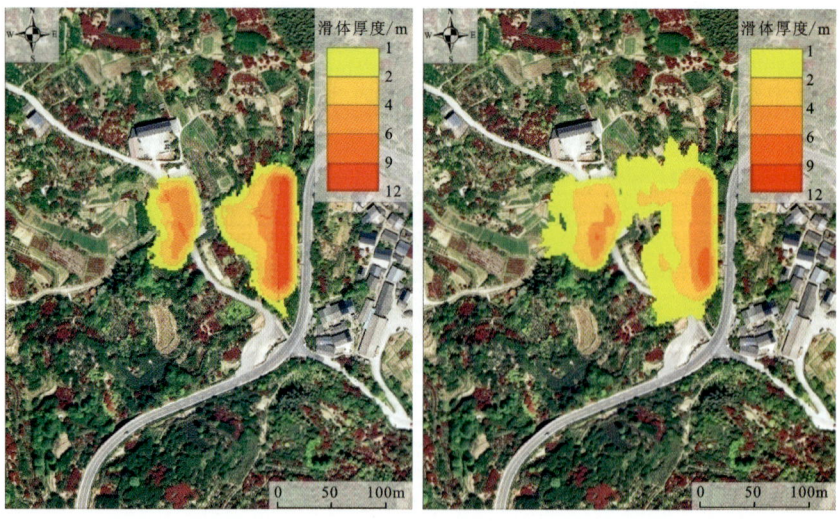

图 6-15　南岚村村委会南风险防范区工况 1 滑动前厚度云图（左）和滑动后厚度云图（右）

第6章 地质灾害风险防范区成因机制

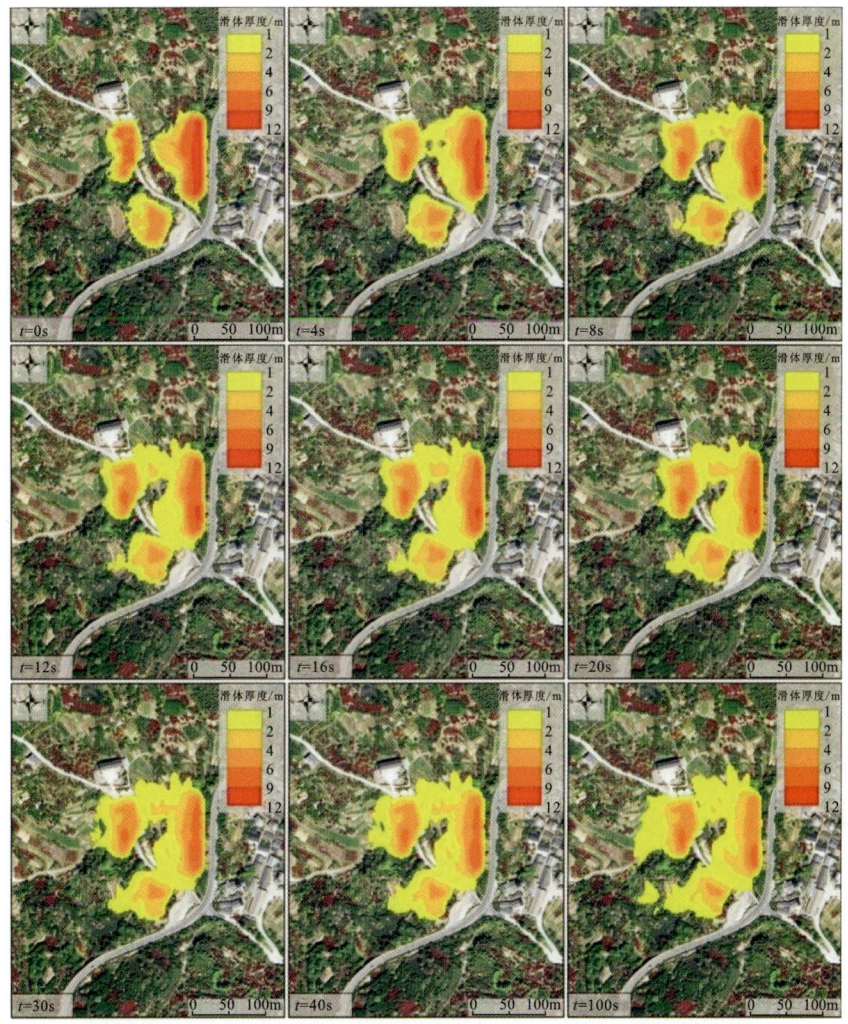

图 6-16 南岚村村委会南风险防范区工况 2 不同时刻滑体深度图

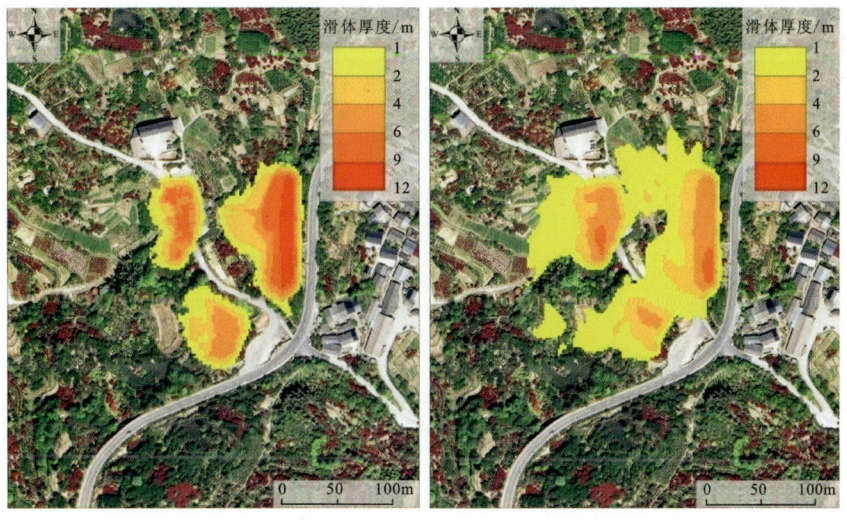

图 6-17 南岚村村委会南风险防范区工况 2 滑动前厚度云图（左）和滑动后厚度云图（右）

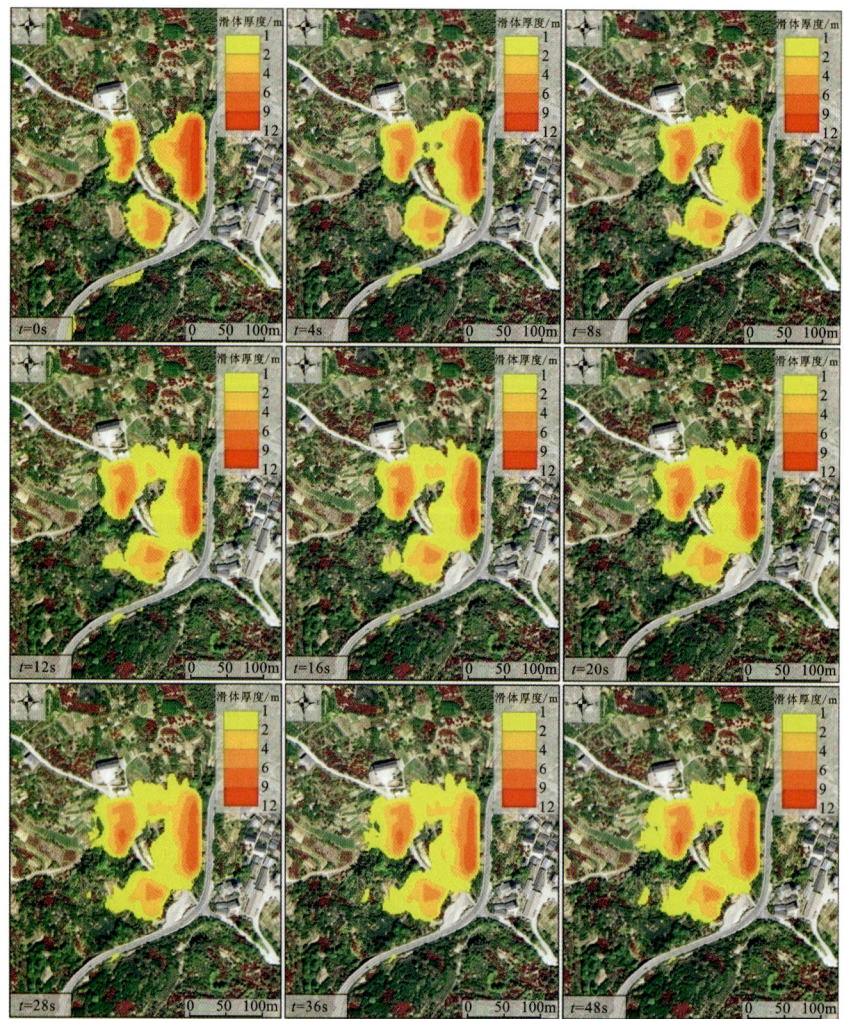

图 6-18　南岚村村委会南风险防范区工况 3 不同时刻滑体深度图

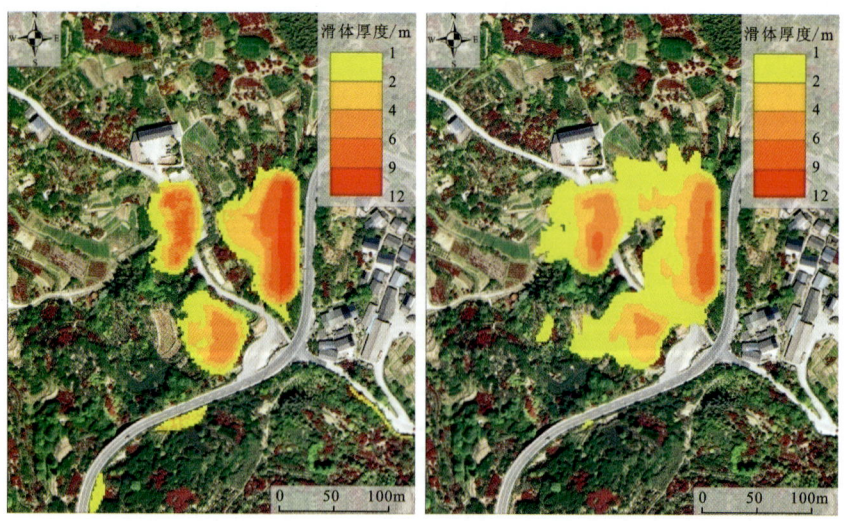

图 6-20　南岚村村委会南风险防范区工况 3 滑动前厚度云图（左）和滑动后厚度云图（右）

6.1.5 风险防范区地质灾害成因机制

根据现场调查及数值模拟,区域变形成因机制分析如下:

(1)该风险防范区斜坡变形以蠕滑-拉裂式为主。

(2)变形区A区、B区和C区均为人工填土层变形,A区、B区填方区外侧地形陡立,虽然填方边坡采取了浆砌块石挡墙拦挡,但挡墙基础置于松散覆盖层上部,地基稳定性差;C区填方后斜坡地形陡于原始地形,有利于斜坡变形。D区前缘临沟,降雨时沟水冲刷侵蚀坡脚,斜坡前缘不断坍塌形成陡坡,有利于斜坡变形。

(3)变形区表层为人工填土层和第四系坡积层,下伏基岩为下白垩统馆头组(K_1gt)泥岩、凝灰质砂岩及含砾凝灰质砂岩,钻孔揭示泥岩上部为第四系坡积层和全—强风化凝灰质砂岩、含砾凝灰质砂岩,遇水后物理力学性能显著降低。根据室内岩土测试,残坡积含碎石粉质黏土和全风化凝灰质砂岩、含砾凝灰质砂岩在饱和状态下,黏聚力和内摩擦角均显著减小,土质力学性能差,是形成岩土体变形的有利条件。

(4)调查区上部地层结构较松散,岩土体透水性好。区内地形较缓,植被发育,降雨时地表水径流缓慢,有利于下渗。降雨时地表水渗入地层使岩土体强度降低。此外,区内下部分布泥岩,泥岩透水性差,起到阻水作用,同时提供了差异性结构面,为岩土体启动提供了动力结构面。

6.2 弥陀禅寺后山风险防范区

6.2.1 风险防范区概况

弥陀禅寺后山风险防范区位于鄞州区东吴镇小盘山弥陀禅寺北东侧,区域有县道及村村通公路连接,交通便利。区域沟谷发育,地形起伏较大,相对高差约60m。自然斜坡形态为凸形,上部坡度28°,下部坡度15°~20°,整体坡度约25°,斜坡整体坡向200°。该风险防范区内植被发育,以乔木和灌木为主(图6-20)。

6.2.2 风险防范区地质环境条件

1. 地层岩性及工程地质

该风险防范区内及周边出露地层主要为第四系坡积层(Qh^{dl})、下白垩统九里坪组(K_1j)。斜坡表层第四系覆盖层厚约5m,主要物质组成为碎石粉质黏土,碎石含量20%~30%,块径多在5~10cm之间,部分可达10~20cm,呈次棱角—棱角状。下伏基岩为下白垩统九里坪组(K_1j)角砾晶屑玻屑熔结凝灰岩。滑坡南侧道路切坡出露全—强风化层,节理裂隙发育,全风化层厚度2~3m。

图 6-20 弥陀禅寺后山斜坡全貌

2. 水文地质

区域内地形较为破碎，冲沟发育，流向 200°左右，汇入坡脚溪流。寺庙正前方洼地为人工修建的水池，长约 30m，宽约 20m。地下水类型主要为基岩裂隙水，补给源为大气降水，向河谷区排泄。

3. 降雨

鄞州区年平均降雨量为 1400~1600mm，降雨量全年分布不均，呈 2 个高峰、1 个低谷，分别出现在 6 月、9 月、12 月。全年主要有 2 个雨季：第一个雨季一般在 4 月中旬至 6 月底，冷暖空气交绥，形成静止锋，阴雨连绵，雨量充沛，为梅雨期；第二个雨季在 8 月至 10 月中旬，即台风期，受热带风暴侵袭形成台风暴雨，易造成洪涝灾害。

2012 年 8 月 8 日凌晨 03 时 20 分，台风"海葵"在象山县鹤浦镇登陆；2012 年 8 月 8 日—2012 年 8 月 10 日，宁波市出现暴雨到大暴雨，局部出现特大暴雨；截至 8 日 14 时，全市平均

第6章 地质灾害风险防范区成因机制

降雨量230mm,其中宁海301.3mm,象山283.3mm,24h最大降雨量出现在宁海深甽镇,为418mm。

4. 人类工程活动

斜坡南部地形平缓,居民房屋集中分布,大部分房屋后方存在不同程度的开挖,基本未支护,只有少量块石挡墙支护。

6.2.3 风险防范区地质灾害发育及形变特征

2012年8月受台风"海葵"影响,该风险防范区内局部发生滑动,规模约1000m³,导致房屋后墙损毁,目前堆积体已清除,前缘修建了高3m的石砌挡墙(图6-21、图6-22)。

a.滑坡正面

b.滑体堆积至主殿后墙

c.滑坡后缘裂缝

d.滑坡后缘以及堆积体

图6-21 弥陀禅寺后山发生的滑坡

区域内潜在滑体长约15m,宽约70m,厚度大于5m。滑坡前缘以切坡坡脚为界,后缘可见陡立后壁,后壁高2~3m,右侧以斜坡坡向转折处为界,左侧以陡缓变化处为界。滑坡平面形态呈矩形,剖面形态呈凹形,上陡下缓。滑面位于第四纪残坡积层与全风化层内。滑体物质以含碎块石粉质黏土为主,土体松散。

图 6-22　弥陀禅寺后山滑坡、坡脚挡墙、侧壁和后壁

6.2.4　风险防范区稳定性分析

基于野外调查、工程钻探、岩土力学测试等数据，采用模拟软件 Massflow 开展风险防范区不同降雨强度条件下稳定性数值模拟。

1. 参数选取

根据前期勘察获得的数据，在模拟时设置滑体黏聚力为 29.5kPa，密度取 1.9×10^3 kg/m³，基底摩擦系数为 0.5。滑体的超孔隙水压力系数根据不同的降雨工况适当选取参数（表 6-2）。Massflow 中计算网格单元划分为 238×220。

表 6-2　弥陀禅寺后山风险防范区建模分层岩土参数选取表

材料类别	土层厚度 H/m	含水率 w/%	黏聚力 c/kPa	内摩擦角 φ/(°)	饱和度 S_r/%	相对密度 G_s	密度 ρ/(g·cm⁻³)
人工填土	1.7	42.0	20.2	10.6	92.0	2.76	1.73
含碎石粉质黏土	1.0	31.9	29.5	11.4	93.0	2.76	1.87
全风化含角砾晶屑玻屑熔结凝灰岩	1.5	36.3	35	11.0	93.0	2.76	1.90

2. 模拟工况

依据宁波市历史降雨情况，设置以下 3 种降雨工况对斜坡稳定性进行分析。

(1) 工况 1。50 年一遇，24h 降雨量 432.1mm。

(2) 工况 2。100 年一遇，24h 降雨量 473mm。

(3) 工况 3。200 年一遇，24h 降雨量 511.8mm。

3. 模拟结果分析

1）工况 1

工况 1 模拟结果（图 6-23、图 6-24）显示：区域内 1 处斜坡发生滑动，位于建筑物北西侧，滑体厚度约 4m，在 $t=12s$ 以前发生快速滑动，大部分滑体迅速冲积至建筑物上面，少数滑体残留在物源区，12s 之后滑体物质以缓慢速度溜滑，28s 时停止滑动，将建筑物掩埋。整体来看，滑坡从发生到停积的过程比较快，因此一旦发生可能会造成较大的损失。

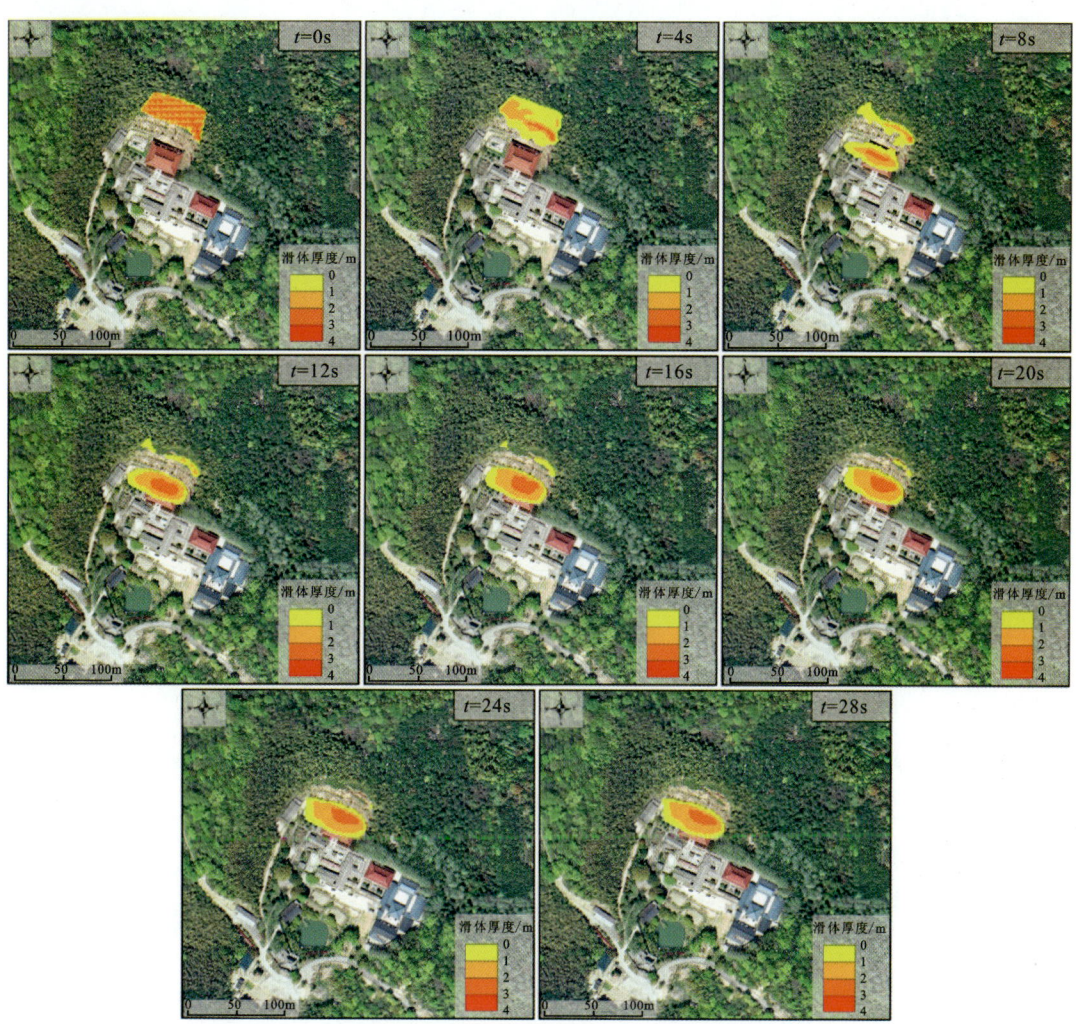

图 6-23　弥陀禅寺后山风险防范区工况 1 不同时刻滑体深度图

2）工况 2

工况 2 模拟结果（图 6-25、图 6-26）显示：区域内 2 处斜坡发生滑动，分别位于建筑物的西侧和北侧，滑体厚度 1~4m，在 $t=8s$ 以前发生快速滑动，大部分滑体迅速冲积至建筑物上面，少数滑体残留在物源区，12s 之后滑体物质以缓慢速度溜滑，28s 时停止滑动，将建筑物掩埋。整体来看，滑坡从发生到停积的过程比较快，因此一旦发生可能会造成较大的损失。

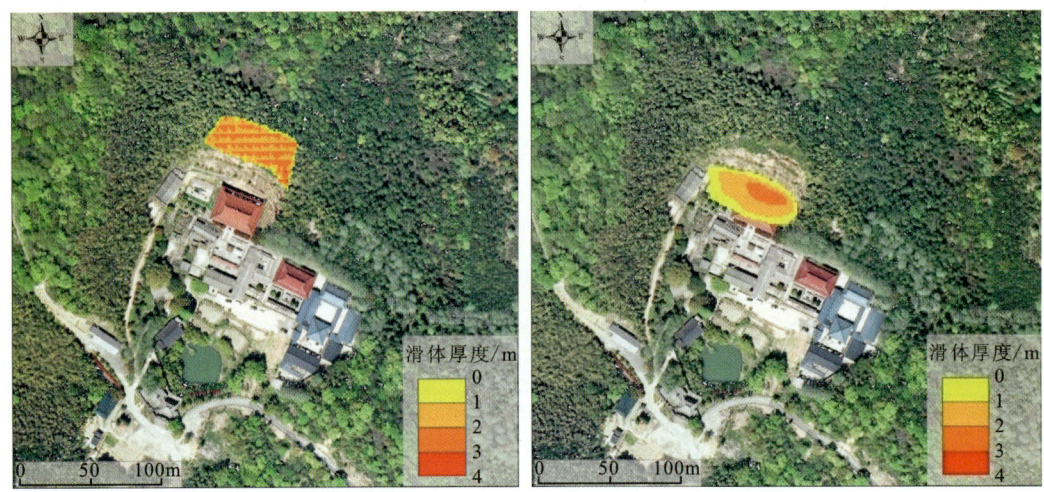

图 6-24　弥陀禅寺后山风险防范区工况 1 滑动前厚度云图(左)和滑动后厚度云图(右)

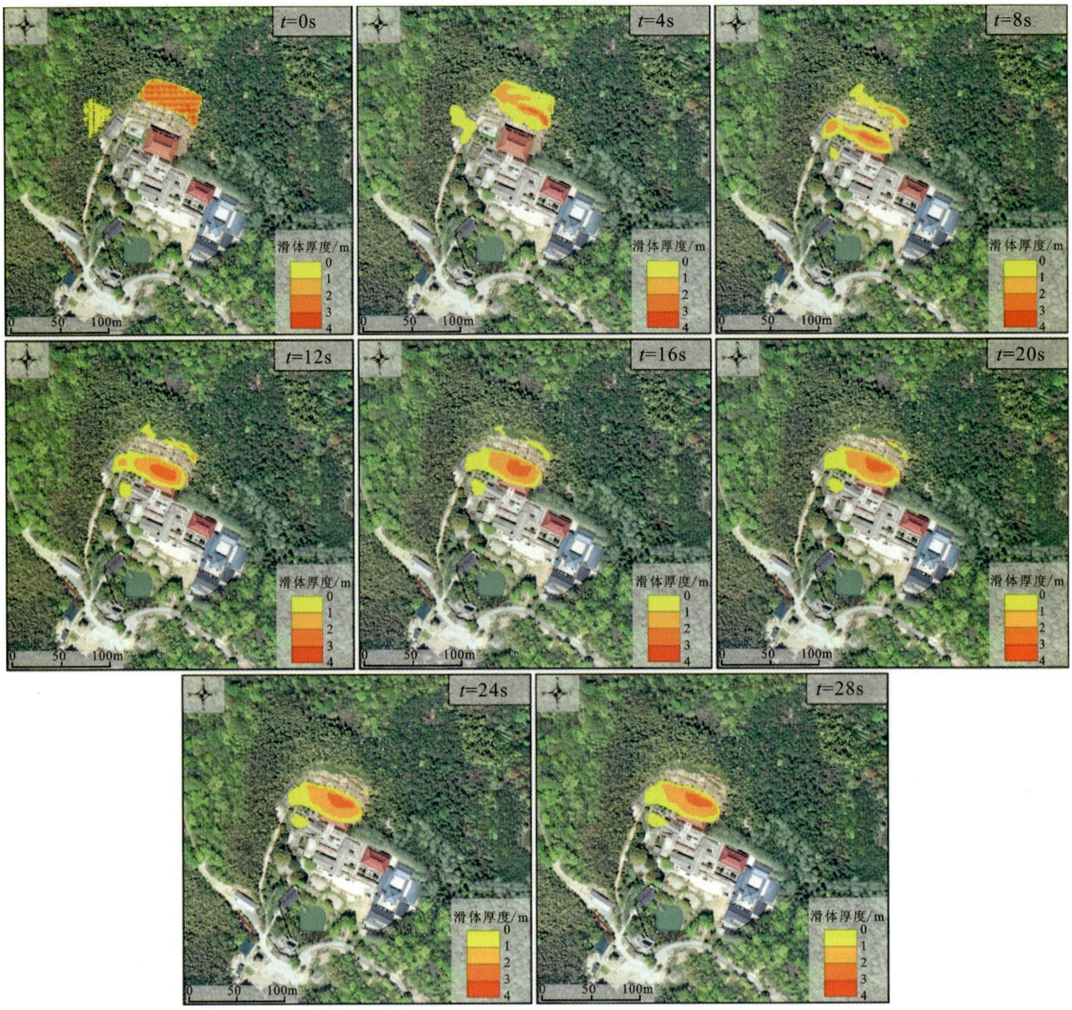

图 6-25　弥陀禅寺后山风险防范区工况 2 不同时刻滑体深度图

图 6-26　弥陀禅寺后山风险防范区工况 2 滑动前厚度云图(左)和滑动后厚度云图(右)

3)工况 3

工况 3 模拟结果(图 6-27、图 6-28)显示:区域内共有 4 处斜坡发生滑动,由于地势相对较缓,滑坡滑动较工况 2 中 2 处斜坡缓慢,$t=30s$ 滑体最终停止运动时,其源区仍残留了一部分滑体物质。滑坡形态呈圈椅状,斜坡失稳后,表现出四周向中间靠拢的趋势运动,位于边缘处的建筑物大部分被掩埋,滑体物质主要堆积在斜坡与建筑物之间的低洼处,最大堆积厚度约 4m,位于东南侧的滑坡失稳后有部分滑体物质会对斜坡南侧道路造成冲击,最终停积在道路下方不远处,堆积厚度约 1m。从滑后的堆积结果可以看出,当存在潜在风险的斜坡完全失稳后,大部分的建筑物将会被掩埋,有可能会造成较大的经济损失,建议对靠近山体一侧的建筑物施加防护措施。

6.2.5　风险防范区地质灾害成因机制

该区域地质灾害成因主要有以下 4 个方面:
(1)该风险防范区斜坡变形以蠕滑-拉裂模式为主。
(2)该区域内松散土层厚度较大,结构松散。弥陀禅寺处表层第四纪残坡积及全—强风化基岩厚 0.9~12.9m,在饱和状态下,黏聚力和内摩擦角均显著减小,土质力学性能差,是形成岩土体变形的有利条件。
(3)地形较缓。区域内自然斜坡坡度 15°~20°,较缓,在重力作用下,厚层土体易沿差异性界面发生蠕滑,进而拉裂,在地表形成裂隙。
(4)区域降雨强度大,岩土体透水性好。区域内浅表层岩土体结构松散,植被发育,虫洞、干缩性裂缝、植物根系腐烂等形成的空洞是优势通道,有利于雨水的下渗,降雨时地表水渗入使岩土体强度降低。

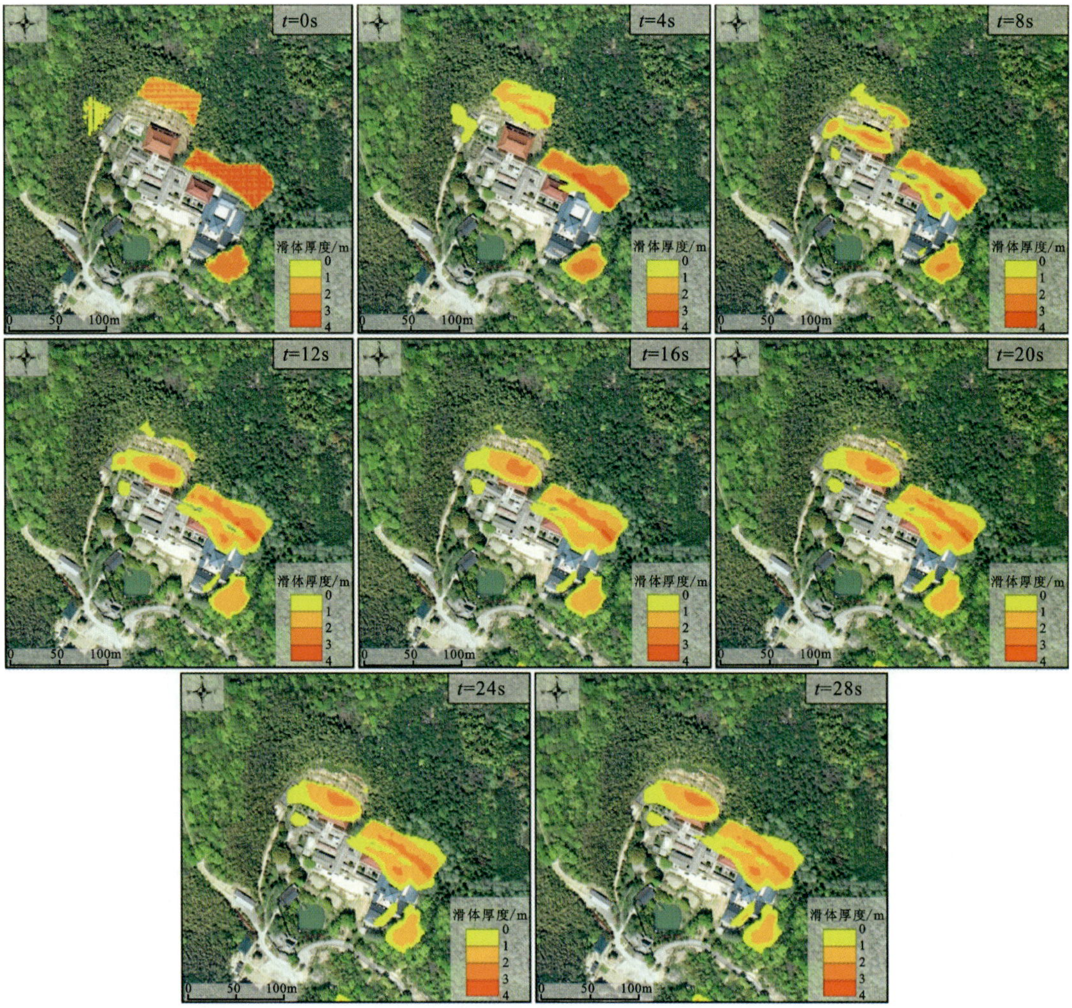

图 6-27 弥陀禅寺后山风险防范区工况 3 不同时刻滑体深度图

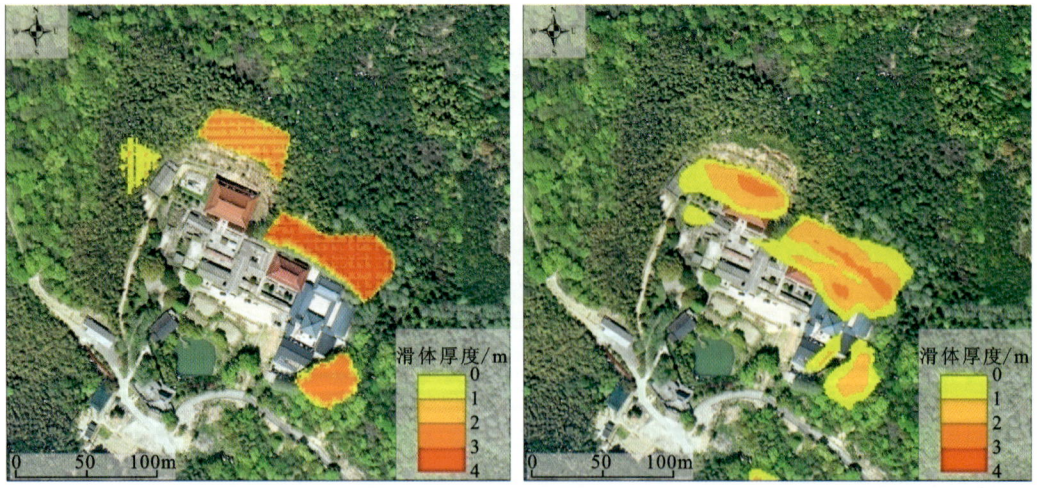

图 6-28 弥陀禅寺后山风险防范区工况 3 滑动前厚度云图(左)和滑动后厚度云图(右)

6.3 逐步村风险防范区

6.3.1 风险防范区概况

逐步村风险防范区位于宁海县黄坛镇,区域有县道及通村公路连接,交通较便利。逐步村周边环绕低山,村庄位于山间近圆形盆地中,周边地形起伏较大(图6-29)。

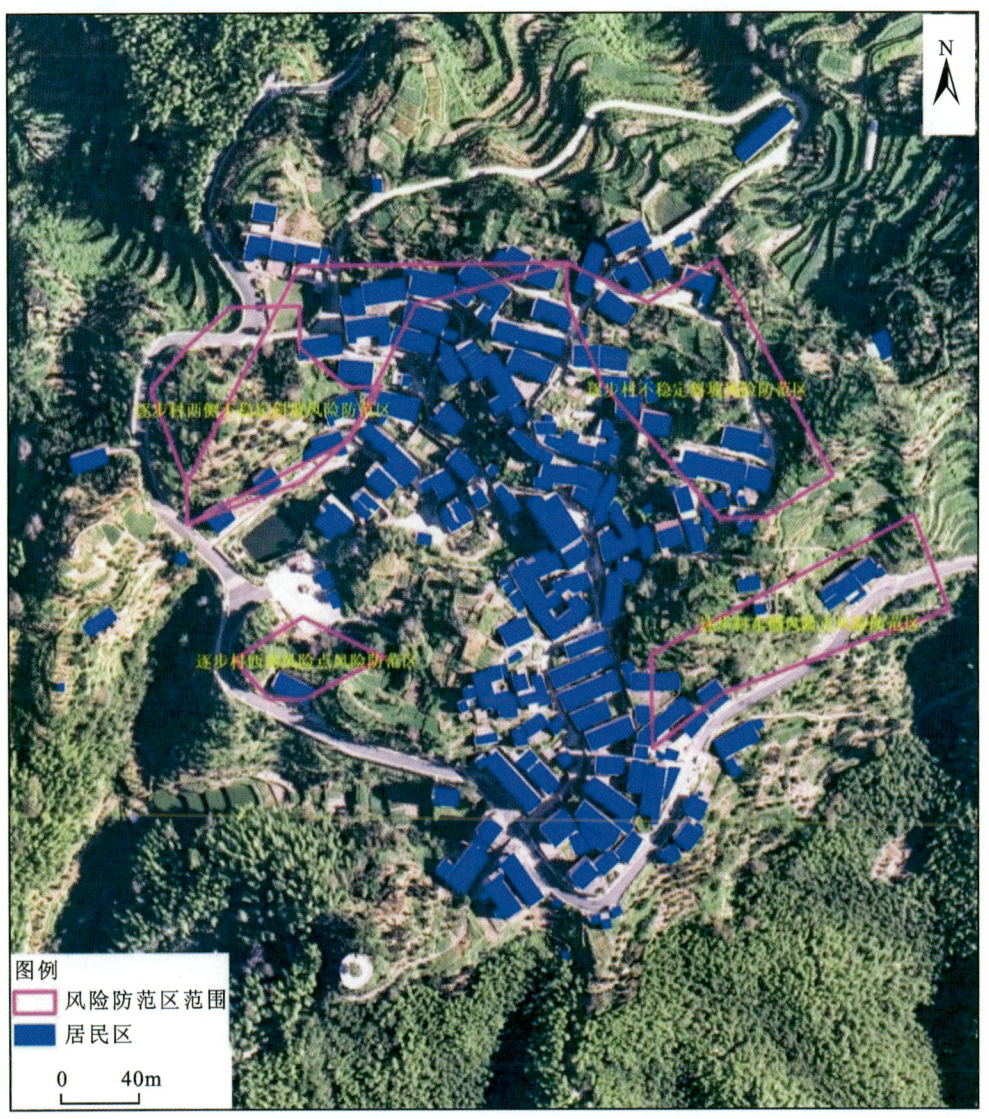

图6-29 宁海县黄坛镇逐步村风险防范区全貌

6.3.2 风险防范区地质环境条件

1. 地形地貌

逐步村风险防范区地貌为剥蚀山地(低山),地势周边高、中间低,形成洼形地貌,起伏较小,相对高程差在130m左右,坡度变化较大,20°~50°的斜坡均有发育(图6-30、图6-31)。

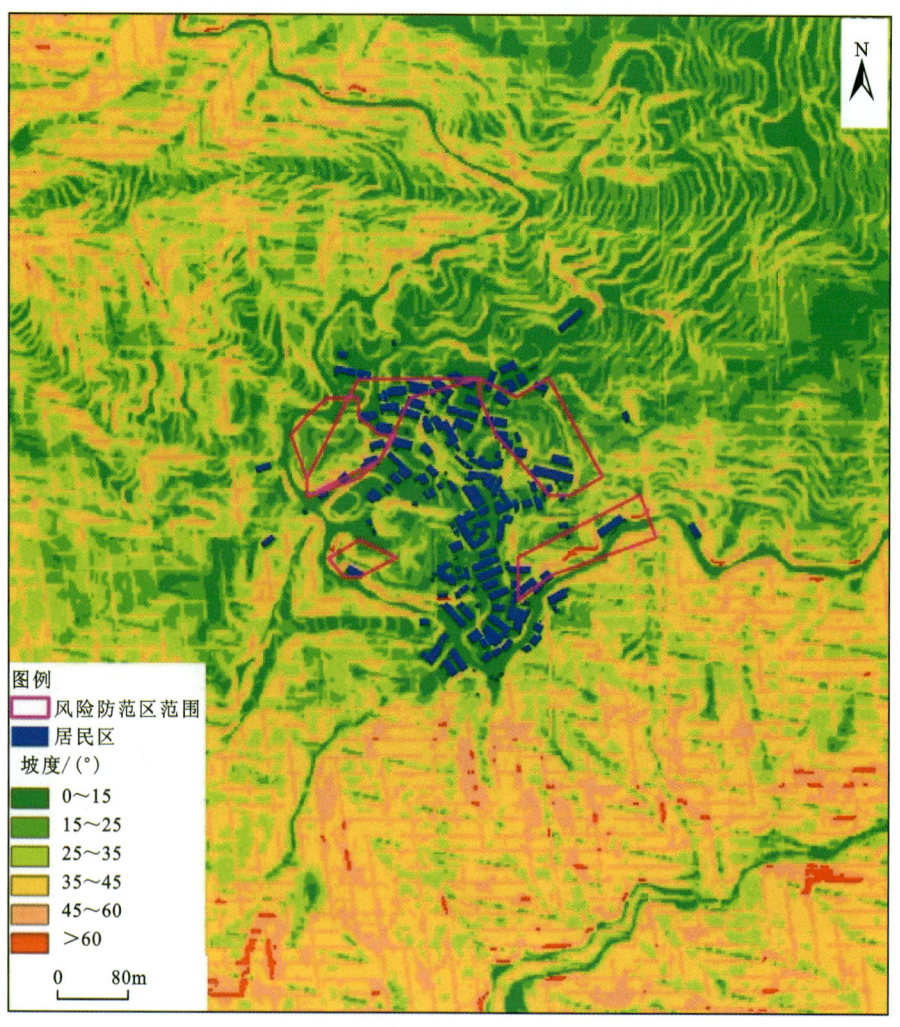

图 6-30 逐步村风险防范区坡度图

2. 地层岩性

该风险防范区内及周边出露地层主要为第四系坡积层(Qh^{dl})、下白垩统西山头组(K_1x)。斜坡表层第四系覆盖层厚2~5m,主要物质组成为碎石粉质黏土,碎石含量30%~70%,碎石粒径3~15cm,呈次棱角—棱角状。下伏基岩为下白垩统西山头组(K_1x)流纹质晶屑玻屑熔结凝灰岩,灰紫色,块状构造;该风险防范区后山局部为花岗岩侵入岩脉。

第6章 地质灾害风险防范区成因机制

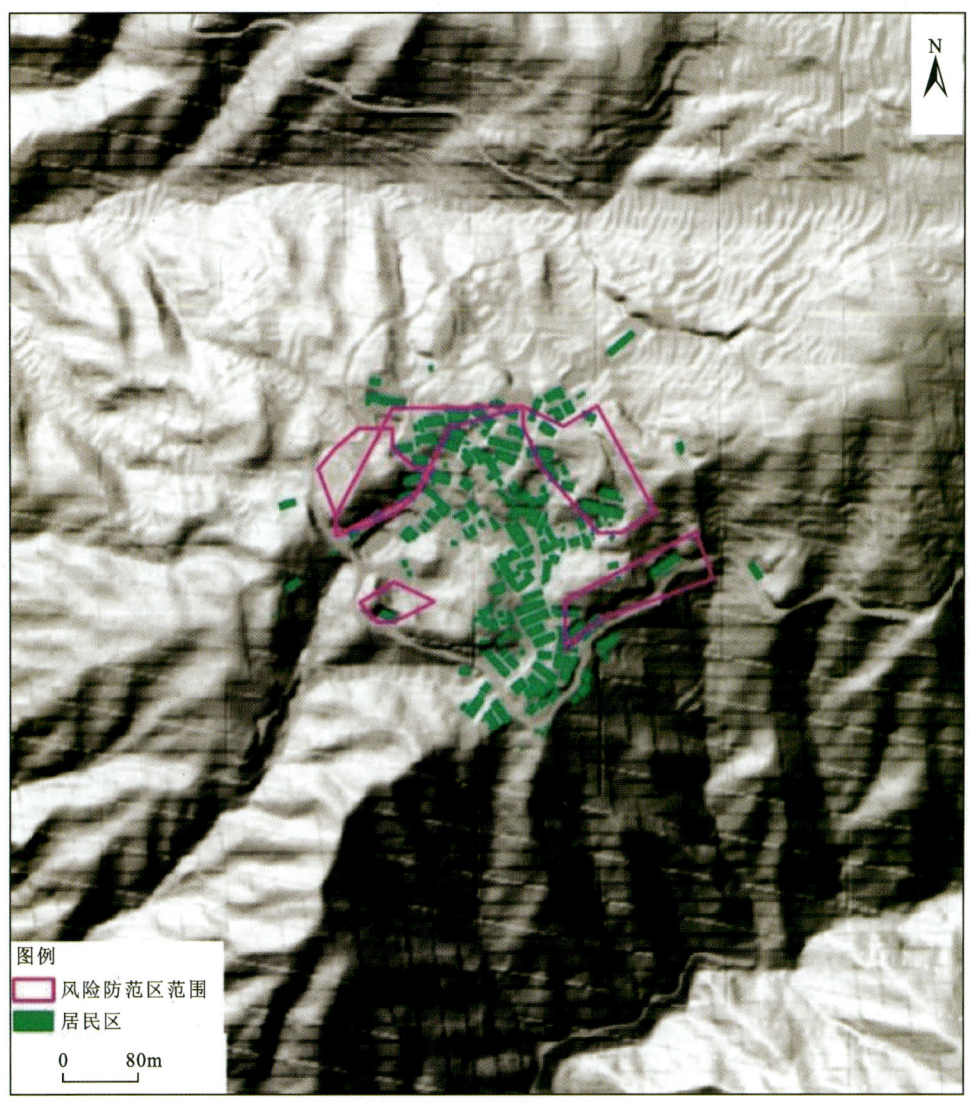

图 6-31 逐步村风险防范区山体阴影图

3. 水文地质

区域内地下水类型主要为基岩裂隙水,补给源为大气降水,向河谷区排泄,屋后切坡雨期可见地下水渗出,水质较浑浊。地表水位于村民广场旁边,属于人工修建的水池,长和宽均小于 20m。

4. 降雨

宁海县多年平均年降雨量为 1719mm,最大日降雨量为 355.7mm,最大 24h 降雨量为 496.4mm(1988 年 7 月 29 日),1h 最大降雨量为 152.5mm(2008 年 9 月 5 日),10min 最大降雨量为 28.8m(1962 年 8 月 11 日),多年最长连续降雨日数 22d,雨量 673.5mm(1958 年 8 月

22日—9月12日),降雨多集中于5—6月的梅雨期和7—9月的台风期,5—9月降雨量占全年降雨量的65%。

区域内每年平均台风频率2.2次,每次持续时间约3d,最长为5d。2013年10月"菲特"台风期间,10月5日20时—8日20时全县平均降雨量为326.0mm,是宁海县有气象记录以来(1956年)的最大值,刷新了历史纪录。2021年7月"烟花"台风期间,7月20日08时至7月26日11时,宁海县全县平均降雨量279.3mm,最大面雨量望海岗为488.2mm、团联为456.3mm、茶山为455.5mm、城区为234.2mm。

5. 人类工程活动

区域内居民较集中,部分房屋后方进行了不同程度的开挖,坡高3~8m,开挖坡度40°~70°,基本未支护,仅少量有块石挡墙支护(图6-32、图6-33)。

图6-32　逐步村风险防范区土地垦植和切坡建房等现象

图6-33　逐步村风险防范区公路切坡现象

6.3.3　风险防范区地质灾害发育及形变特征

逐步村周边分布4处风险防范区,近年来台风强降雨期间发生多次小规模的崩塌、滑坡灾害,规模一般小于1000m^3。

6.3.4　风险防范区稳定性分析

基于野外调查、工程钻探、岩土力学测试等数据,采用模拟软件Massflow开展风险防范区不同降雨强度条件下稳定性数值模拟。

1. 参数选取

根据前期勘察获得的数据,在模拟时设置滑体黏聚力为31kPa,密度取$1.78×10^3 kg/m^3$,基底摩擦系数为0.6。滑体的超孔隙水压力系数根据不同的降雨工况适当选取参数(表6-3)。Massflow中计算网格单元划分为281×347。

第6章 地质灾害风险防范区成因机制

表 6-3 逐步村风险防范区建模分层岩土参数选取表

材料类别	分层厚度 H/m	含水率 w/%	黏聚力 c/kPa	内摩擦角 φ/(°)	饱和度 S_r/%	相对密度 G_s	密度 ρ/(g·cm^{-3})
人工填土	0.8	33.1	32.7	13.7	93.0	2.75	1.85
含碎石粉质黏土	2.1	28.9	31.0	14.2	93.0	2.74	1.82
全风化凝灰岩	2.3	25.8	33.0	16.6	75.0	2.66	1.78

2. 模拟工况

依据宁波市历史降雨情况,设置以下3种降雨工况对斜坡稳定性进行分析。

(1)工况1。50年一遇,24h降雨量442.8mm。
(2)工况2。100年一遇,24h降雨量491.8mm。
(3)工况3。200年一遇,24h降雨量538.6mm。

3. 模拟结果分析

1)工况1

对工况1模拟结果(图6-34、图6-35)显示:区域内4处斜坡发生滑动,位于逐步村的东、西两侧,滑体厚度1~2m,在 $t=8$s 以前发生快速滑动,对附近建筑物造成了冲击,42s后滑体物质以缓慢速度溜滑,50s时停止滑动将房屋建筑物掩埋。4处滑坡的滑移距离较短,主要对邻近的建筑物造成较大破坏,最大堆积厚度约2m,危及10余栋建筑物,建议撤离潜在滑坡体下部的村民或者清除潜在滑坡体。

2)工况2

工况2模拟结果(图6-36、图6-37)显示:区域内8处斜坡发生滑动,在 $t=12$s 以前发生快速滑动,对附近建筑物造成了冲击,12s后滑体物质以缓慢速度溜滑,42s时停止滑动,堆积于邻近建筑物上。与工况1对比,西侧和东侧各多出了2处滑坡。西侧位置2处滑坡滑动下来后,一部分滑体物质停积在下方建筑物上,另一部分物质顺着地势低洼处往下滑,另外2处滑坡滑动后汇聚在一起,掩埋下部池塘。东侧多出的2处滑坡滑下来后堆积在一起,将下部的建筑物彻底掩埋,堆积厚度约1m。

3)工况3

工况3模拟结果(图6-38、图6-39)显示:区域内10处斜坡发生滑动,在 $t=14$s 以前发生快速滑动,对附近建筑物造成了冲击,14s后滑体物质以缓慢速度溜滑,28s时停止滑动,堆积于邻近建筑物上。与工况2相比,工况3多出了2处滑坡。多出的1处滑坡位于道路边缘,滑坡启动后滑体物质冲过道路,最终停积在道路下方约40m植被区域,堆积厚度约1m;另1处滑坡位于建筑物后侧边坡,滑动后直接影响到其下方7栋建筑物,建议对该斜坡进行重点防护。

图 6-34　逐步村风险防范区工况 1 不同时刻滑体深度图

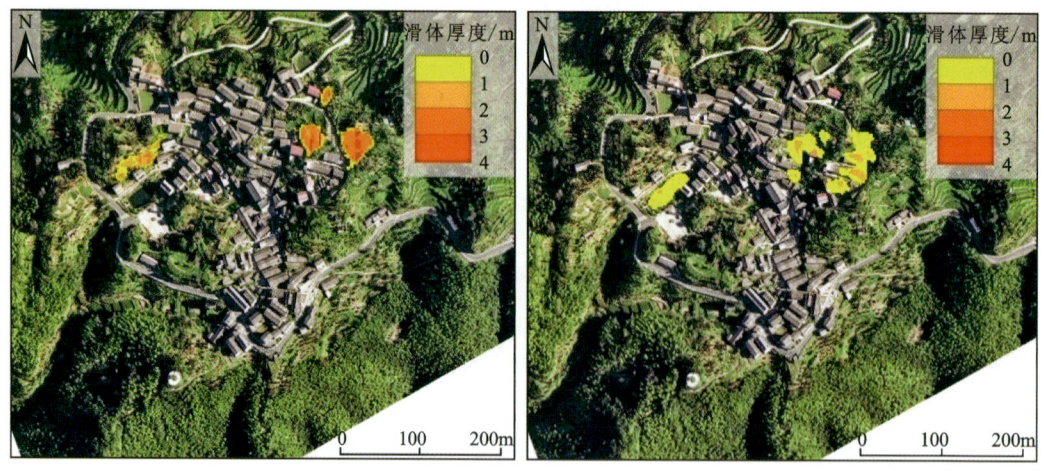

图 6-35　逐步村风险防范区工况 1 滑动前厚度云图(左)和滑动后厚度云图(右)

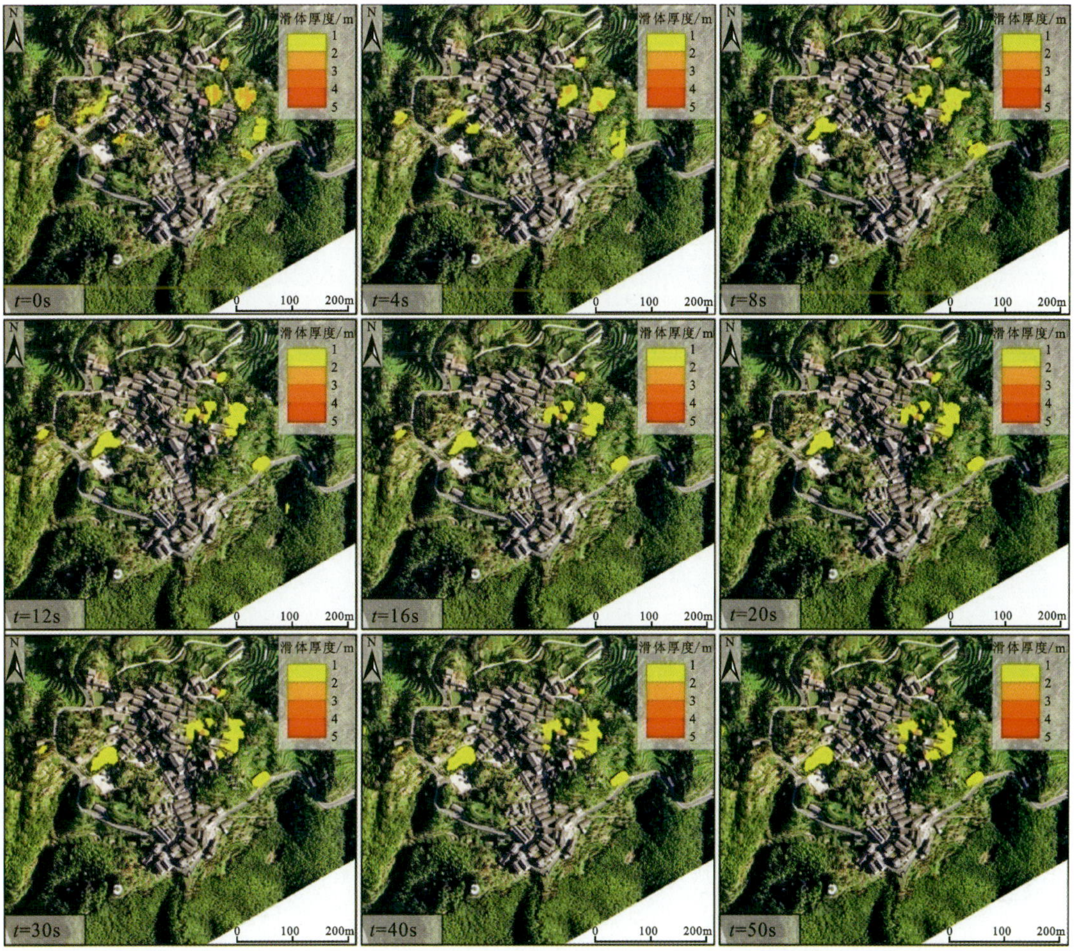

图 6-36 逐步村风险防范区工况 2 不同时刻滑体深度图

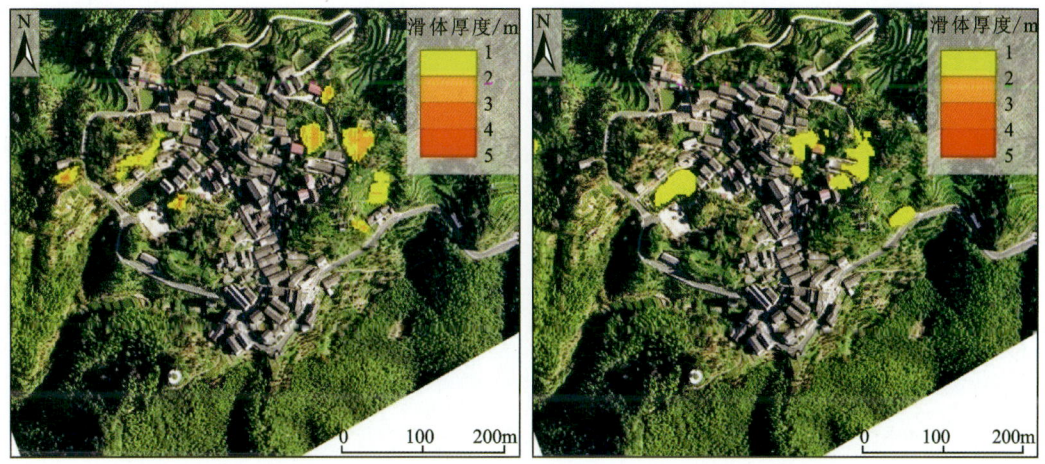

图 6-37 逐步村风险防范区工况 2 滑动前厚度云图(左)和滑动后厚度云图(右)

图 6-38 逐步村风险防范区工况 3 不同时刻滑体深度图

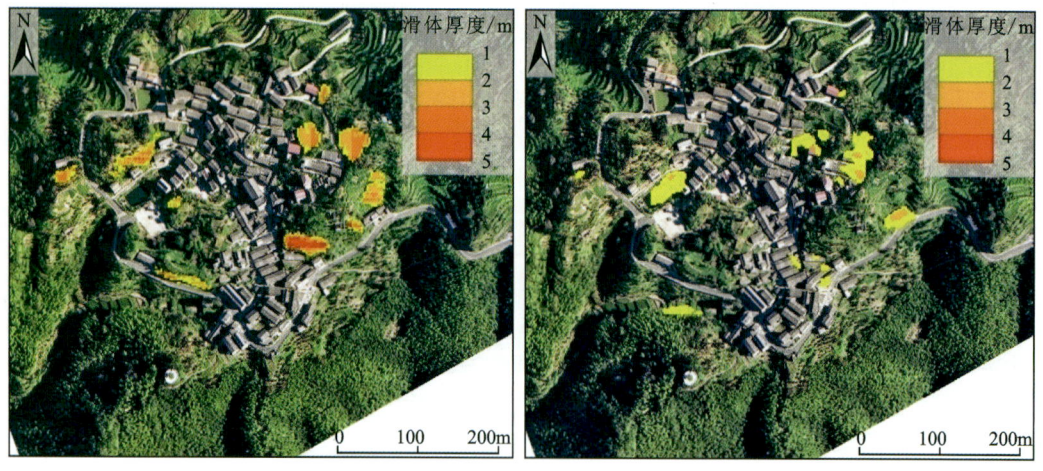

图 6-39 逐步村风险防范区工况 3 滑动前厚度云图(左)和滑动后厚度云图(右)

6.3.5 风险防范区变形成因机制

该区域地质灾害成因主要有以下 4 个方面：

(1)该风险防范区斜坡变形以拉裂-崩滑式为主。

(2)区域内松散土层厚度较大，结构松散。区域内覆盖层厚度分布不均匀，一般小于 3m，少量为 3～5m，局部达到 10m。在饱和状态下，黏聚力和内摩擦角均显著减小，土质力学性能差，是形成岩土体变形的有利条件。

(3)人工切坡密集，高度大。区域内居民较集中，部分房屋后方进行了不同程度的开挖，坡高 3～8m，开挖坡度 40°～170°，基本未支护。人工切坡坡度较陡，在重力作用下，在陡坎顶部厚层土体拉裂，发生快速滑塌，进而形成小崩小滑。

(4)区域降雨强度大，岩土体透水性好。区内浅表层岩土体结构松散，植被发育，虫洞、干缩性裂缝、植物根系腐烂等形成的空洞是优势通道，有利于雨水的下渗，降雨时地表水渗入使岩土体强度降低。

第7章 地质灾害风险防范区成灾条件区划

基于宁波市地质灾害发育分布规律及成灾模式，充分利用工程地质类比法对地质灾害风险防范区成灾条件进行区划，查找成灾条件相同的区域，为地质灾害预警预报提供基础支撑。

7.1 区划原则

成灾条件是指地质灾害孕育形成的地质环境条件，成灾条件区划指对地质环境条件复杂程度进行分类。按照相关行业标准[《地质灾害危险性评估规范》(GB/T 40112—2021)]，地质环境复杂程度可以从区域地质背景、地形地貌、工程地质条件、水文地质条件、地质构造、地质灾害发育程度、人类工程活动等方面进行定性划分(表7-1)。

表7-1 地质环境条件复杂程度分类表[据《地质灾害危险性评估规范》(GB/T 40112—2021)]

条件	类别		
	复杂	中等	简单
区域地质背景	区域地质构造条件复杂，建设场地有全新世活动断裂，地震基本烈度＞Ⅷ，地震动峰值加速度＞0.2g	区域地质构造条件较复杂，建设场地附近有全新世活动断裂，地震基本烈度Ⅶ～Ⅷ，地震动峰值加速度0.1g～0.20g	区域地质构造条件简单，建设场地附近无全新世活动断裂，地震基本烈度≤Ⅵ，地震动峰值加速度＜0.1g
地形地貌	地形复杂，相差高差＞200m，地面坡度以＞25°为主，地貌类型多样	地形较简单，相对高差50～200m，地面坡度以8°～25°为主，地貌类型较单一	地形简单，相对高差＜50m，地面坡度＜8°，地貌类型单一
地层岩性和岩土工程地质性质	岩性岩相复杂多样，岩土体结构复杂，工程地质性质差	岩性岩相变化较大，岩土体结构较复杂，工程地质性质较差	岩性岩相变化小，岩土体结构较简单，工程地质性质良好
地质构造	地质构造复杂，褶皱断裂发育，岩体破碎	地质构造较复杂，有褶皱、断裂分布，岩体较破碎	地质构造较简单，无褶皱、断裂，裂隙发育
水文地质条件	具多层含水层，水位年际变化＞20m，水文地质条件不良	有2～3层含水层，水位年际变化5～20m，水文地质条件较差	单层含水层，水位年际变化＜5m，水文地质条件良好

续表 7-1

条件	类别		
	复杂	中等	简单
地质灾害及不良地质现象	发育强烈,危害较大	发育中等,危害中等	发育弱或不发育,危害小
人类活动对地质环境的影响	人类活动强烈,对地质环境的影响、破坏严重	人类活动较强烈,对地质环境的影响、破坏较严重	人类活动一般,对地质环境的影响、破坏小

注:每类条件中,地质环境条件复杂程度按"就高不就低"的原则,有一条符合者即为该类复杂类型。

当前地质灾害精细化管控的需求,对摸清地质风险防范区成灾条件提出了更高要求,需在定性化手段的基础上,进行量化评价。地质灾害风险防范区成灾条件评价原则包括以下4条:

(1)突出"以人为本"的原则。该原则指在考虑工作区地质环境条件和地质灾害分布规律的基础上,充分考虑区内承灾体的分布特点。

(2)以"地质环境条件为主"的原则。地质灾害孕灾条件的划分主要依据形成地质灾害的地质环境背景条件、主要诱发条件和地质灾害发育现状确定各指标权重,最后对地质环境条件的孕灾程度进行划分。

(3)"以定量分析为主,定性评价为辅"的原则。地质灾害的形成受多种环境因素的影响,基于以往调查资料和地质灾害现状资料,可最大程度定量化评价区域内地质环境条件的复杂程度。评价中在定量分析因子的基础上,结合定性判据进行孕灾分区区划。

(4)"区内相似、区际差异"的原则。该原则指在同一类型的区内,地质环境条件和地质灾害发育特征应基本相似,而不同类型的区内则具明显的差异性。

本次评价采用的地质环境条件分区方法与斜坡单元的地质灾害易发性评价方法类似,基于地质灾害发育特征优选指标,采用定量与定性相结合的方法进行评价。根据前文的地质环境条件分析结果,结合本区地质灾害发育特征,选取合理因子,通过地质灾害敏感性分析,确定成灾地质条件评价指标权重,借助 ArcGIS 的空间分析、叠加分析功能,加权计算得到孕灾地质条件综合值,根据成灾地质条件划分标准,将地质灾害风险防范区的孕灾地质条件划分为复杂、中等、简单 3 个等级,并在此基础上进行细分。

7.2 区划指标体系

评价因子选取和指标体系建立的合理与否是孕灾程度划分的客观前提。根据评价的原则,在对众多因子进行分析、分类的基础上,选择重要因子进行评价。本研究基于宁波市历史地质灾害调查研究成果数据,结合前人有关评价研究方法,充分考虑研究区内地质灾害的孕灾地质条件,从地形条件、地质条件和人类活动特征 3 个方面选取评价因子。地形条件包括坡度、坡向、坡形、起伏度,地质条件包括与断层距离、工程地质岩组,人类工程活动包括土地开发强度(图 7-1)。将上述各因子进一步细化,并根据各因子中的不同情况对地质灾害孕灾程度贡献大小,确定指标的量化标准。

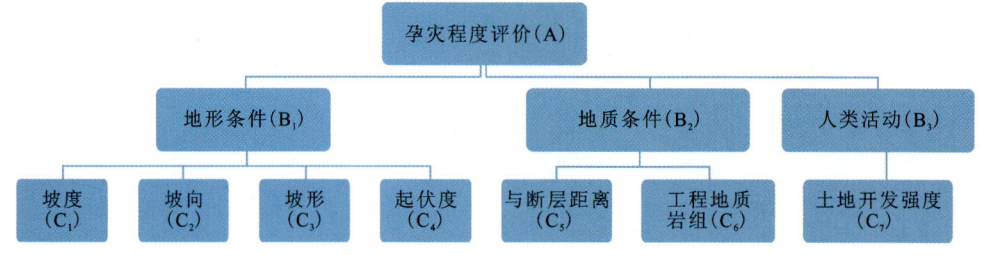

图 7-1　评价因子层次结构图

7.3　评价区划标准

参照《地质灾害危险性评估规范》(GB/T 40112—2021),地质灾害风险防范区的地质环境条件孕灾程度划分为复杂、中等、简单 3 个等级,即孕灾指数值 0~50 为简单,50~70 为中等,70~100 为复杂。考虑当前精细化地质灾害风险管控的需求,利用工程地质类别法,在上述分级的基础上将 3 个等级进一步细分为 10 个次等级。具体划分标准见表 7-2。

表 7-2　孕灾程度划分标准

孕灾程度分级	复杂			中等				简单		
	复杂 A	复杂 B	复杂 C	中等 A	中等 B	中等 C	中等 C	简单 A	简单 B	简单 C
孕灾指数(YZ)	80~100	75~80	70~75	65~70	60~65	55~60	50~55	40~50	30~40	0~30

7.4　区划技术方法

地质灾害成灾条件区划与地质灾害易发评价原理相似,成灾条件分区是指对从地质环境的角度评价不同区域孕育地质灾害发生可能性的大小,反映了不同地区地质灾害发生的相对程度。

地质灾害发生的孕灾条件评估方法较多,通常包括判别分析法、决策树法、逻辑回归法、要素赋值及加权组合法、确定性系数法、证据权法、层次分析法以及信息量法等。本研究采用确定性系数法和层次分析法相结合的综合评价体系。其中,确定性系数法主要用于分析各评价因子中不同等级的因素值,层次分析法主要用于分析各评价因子的权重。确定性系数法稳定性较好且操作简单,通过定量评估不仅可以反映各种成灾要素的相对敏感程度,也可以反映特定成灾要素中不同要素区间的致灾贡献大小。

7.4.1　确定性系数法原理

确定性系数法(CF)是 1975 年由 Shortliffe 和 Buchanan 提出的一个概率函数,Heckerman 对其进行了改进。确定性系数法是一种二元统计方法,它假设将来发生地质灾害的条件和过去发生地质灾害的条件相同。确定性系数法函数表达式为

$$CF = \begin{cases} \dfrac{PP_a - PP_s}{PP_a(1 - PP_s)}, PP_a \geqslant PP_s \\ \dfrac{PP_a - PP_s}{PP_s(1 - PP_a)}, PP_a \geqslant PP_s \end{cases} \quad (7\text{-}1)$$

式中：PP_a 为地质灾害在影响因子分类 a 中发生的条件概率，即因子分类 a 中发育的地质灾害点个数与因子分类 a 面积的比值；PP_s 为地质灾害事件发生的先验概率，即整个研究区的地质灾害点总数与研究区总面积的比值，是一个定值。

由式（7-1）可知，确定性系数 CF 即为评价因子不同等级因素值，其值域区间为 [−1,1]。正值代表事件发生确定性的增长，即地质灾害发生的确定性高，地质环境条件易发生地质灾害；负值代表事件发生的确定性降低，即地质灾害发生的确定性低，地质环境条件不易发生地质灾害。

7.4.2 层次分析法原理

确定性系数法可解决评价因子内部不同特征值孕灾影响的敏感程度，却忽略了各因子孕灾的差异性，而层次分析法能很好地结合专家经验确定影响因子之间的权重大小，尤其适用样本少的区域，但不能较好解决评价因子不同特征值孕灾影响的敏感程度问题。因此，将确定性系数法与层次分析法相结合，能够很好地解决影响因子权重的确定和异类数据合并的难题，获得更加准确合理的孕灾评价结果。

1. 层次分析法介绍

层次分析法是美国运筹学家沙坦（Saaty）于 20 世纪 70 年代提出的，是一种定性与定量结合的多因素决策分析方法。基本原理是：将要评判系统的有关替代方案的各种要素以上一层次为准则，对该层次元素进行逐项比较，依照规定的标度量化后写成矩阵形式，即构成判断矩阵。两两比较算出各因素的权重，根据综合权重按最大权重原则确定最优方案。

2. 因子权重计算

依据上述递阶层次结构，易发性评价 A，受到三大制约因素层 B 的制约；各个制约子因素层 B_i 又受到若干次级因素层 C_i 的制约，层次结构十分明显。将各层各个因素进行两两比较，引入 1~9 的标度，即可得到量化的判断矩阵。标度的确定原则见表 7-3。确定的制约因素判断矩阵见表 7-4。

目标层 A 和制约因素层 B 的判断矩阵为

A	B_1	B_2	$\cdots$	B_n
B_1	a_{11}	a_{12}	$\cdots$	a_{1n}
B_2	a_{21}	a_{22}	$\cdots$	a_{2n}
$\vdots$	$\vdots$	$\vdots$	$\vdots$	$\vdots$
B_n	a_{n1}	a_{n2}	$\cdots$	a_{nn}

制约因素层 B 和次级制约因素层 C 的判断矩阵为

$$\begin{array}{c|cccc} B & C_1 & C_2 & \cdots & C_m \\ \hline C_1 & a_{11} & a_{12} & \cdots & a_{1m} \\ C_2 & a_{21} & a_{22} & \cdots & a_{2m} \\ \vdots & \vdots & \vdots & \vdots & \vdots \\ C_m & a_{m1} & a_{m2} & \cdots & a_{mm} \end{array}$$

表 7-3 标度的确定表

标度 a_{ij}	定义
1	i 因素与 j 因素同样重要
3	i 因素比 j 因素略微重要
5	i 因素比 j 因素较重要
7	i 因素比 j 因素非常重要
9	i 因素比 j 因素绝对重要
2,4,6,8	为以上两判断之间的中间状态所对应的标度值
倒数	若 i 因素与 j 因素比较,得到的判断值为 $a_{ji}=1/a_{ij}$, $a_{ii}=1$

表 7-4 制约因素判断矩阵表

制约因素	坡度	坡向	曲率	起伏度	与断层距离	工程地质岩组	土地开发强度	权重
坡度	1	4	4	3	3	2	2	0.278 6
坡向	1/4	1	1	1/2	1/2	1/3	1/3	0.054 2
曲率	1/4	1	1	1/2	1/2	1/3	1/3	0.054 2
起伏度	1/3	2	2	1	1/2	1/2	1/2	0.086 3
与断层距离	1/3	2	2	2	1	1/2	1/2	0.104 4
工程地质岩组	1/2	3	3	4	2	1	2	0.215 6
土地开发强度	2	3	3	2	2	1/2	1	0.206 6

本研究 B 层对 A 层矩阵未做考虑,仅考虑了 7 个因子之间的权重,建立了判断矩阵,通过矩阵求解得出各因子权重(表 7-3)。为更好地表述地质灾害风险防范区的地质灾害孕灾程度,引入地质灾害孕灾指数 YZ,利用 AHP 综合评价的数学模型能将各因子有机地结合起来,评价其孕灾性。地质灾害孕灾指数 YZ 计算过程如下:

$$YZ = CF_{坡度} \times 0.278\ 6 + CF_{坡向} \times 0.054\ 2 + CF_{坡形} \times 0.054\ 2 + CF_{起伏度} \times 0.086\ 3 +$$
$$CF_{断层} \times 0.104\ 4 + CF_{岩组} \times 0.215\ 6 + CF_{土地开发} \times 0.206\ 6 \tag{7-2}$$

$$CF = \frac{CF-(-1)}{2} \times 100\% \tag{7-3}$$

第7章 地质灾害风险防范区成灾条件区划

由于确定性系数 CF 的值域区间为 $[-1,1]$,在计算 YZ 值过程中需要按照式(7-3)对各因子 CF 原始值,进行归一化处理,式中 CF 为原始确定系数值;CF 值(CF$_{坡度}$、CF$_{坡向}$、CF$_{曲率}$、CF$_{起伏度}$、CF$_{与断层距离}$、CF$_{工程地质岩组}$、CF$_{土地开发强度}$)为归一化后的确定性系数值,值域为$[0,100]$。

按照上述公式进行计算,得到前述 7 个因子的分级、分区面积、分布灾害点数量、确定性系数值见表 7-5。

表 7-5　各评价因子分级、权重及确定性系数值 CF

影响因子	权重	分级标准	分级面积/km²	灾害数量/处	PP_a	PP_s	CF 原始值
曲率	0.054 2	<-2	196.34	21	0.107	0.053	0.475
		-2~-0.1	3 010.41	176	0.058	0.053	0.083
		-0.1~0.1	2 780.99	117	0.042	0.053	-0.202
		0.1~2	2 969.74	164	0.055	0.053	0.033
		≥2	212.82	11	0.052	0.053	-0.029
坡度/(°)	0.278 6	<15	5 730.73	11	0.002	0.053	-0.962
		15~25	1 871.17	68	0.036	0.053	-0.307
		25~35	1 295.18	249	0.192	0.053	0.684
		35~45	254.08	105	0.413	0.053	0.825
		45~60	18.76	53	2.826	0.053	0.929
		≥60	0.38	3	7.840	0.053	0.940
坡向/(°)	0.054 2	平坡(0)	997.85	0	0	0.053	-1
		北(337.5~22.5)	1 014.86	56	0.055	0.053	0.032
		北东(22.5~67.5)	1 023.34	45	0.044	0.053	-0.168
		东(67.5~112.5)	1 002.62	73	0.073	0.053	0.253
		东南(112.5~157.5)	1 130.10	69	0.061	0.053	0.120
		南(157.5~202.5)	1 007.97	81	0.080	0.053	0.318
		西南(202.5~247.5)	1 004.64	83	0.083	0.053	0.336
		西(247.5~292.5)	927.35	37	0.040	0.053	-0.242
		西北(292.5~337.5)	1 061.59	45	0.042	0.053	-0.196
起伏度(50m×50m)/m	0.086 3	0~5	4 503.53	64	0.014	0.053	-0.723
		5~15	1 781.06	206	0.116	0.053	0.510
		15~25	1 895.65	167	0.088	0.053	0.374
		25~35	810.95	40	0.049	0.053	-0.071
		35~50	169.03	11	0.065	0.053	0.171
		50~121	10.07	1	0.099	0.053	0.438

续表 7-5

影响因子	权重	分级标准	分级面积/km²	灾害数量/处	PP_a	PP_s	CF 原始值
与断层距离/m	0.104 4	0～50	251.77	22	0.087	0.053	0.369
		50～100	250.76	22	0.088	0.053	0.371
		100～300	957.13	55	0.057	0.053	0.068
		300～500	843.03	54	0.064	0.053	0.159
		≥500	6 867.61	336	0.049	0.053	−0.078
土地开发强度	0.206 6	≤0.2	1 197.95	0	0	0.053	−1
		0.2～0.4	3 225.26	169	0.052	0.053	−0.016
		0.4～0.6	1 492.36	152	0.102	0.053	0.451
		0.6～0.8	1 553.18	35	0.023	0.053	−0.564
		0.8～1	1 701.55	133	0.078	0.053	0.301
工程地质岩组	0.215 6	Bg	2.25	0	0	0.053	−1
		Bs	22.19	3	0.135	0.053	0.573
		Hi	1 137.88	156	0.137	0.053	0.578
		Hs	3 126.81	207	0.066	0.053	0.184
		Ht	474.98	34	0.072	0.053	0.241
		LT	4.10	0	0	0.053	−1
		NT	3 383.80	0	0	0.053	−1
		Qd	32.18	1	0.031	0.053	−0.404
		Qg	435.43	44	0.101	0.053	0.447
		Qj	12.08	1	0.083	0.053	0.337
		Rb	63.85	10	0.157	0.053	0.624
		Rr	43.98	2	0.045	0.053	−0.141
		Sc	151.03	9	0.060	0.053	0.1
		SRc	252.99	18	0.071	0.053	0.237
		SRf	26.77	4	0.149	0.053	0.609

7.5 评价区划结果

根据前述成灾条件区划技术方法,宁波市地质灾害风险防范区成灾地质条件区划结果(图 7-2)显示,孕灾指数最大值为 77.4,最小值为 22.3,无风险防范区分布于高值区段(80～100),绝大部分孕灾指数分布于 50～75 之间,共 829 处,占比 84.9%,其中 65～70、70～75 区段分布最多,分别为 247 处、233 处,对应的孕灾程度分别为复杂 C、中等 A。

第7章 地质灾害风险防范区成灾条件区划

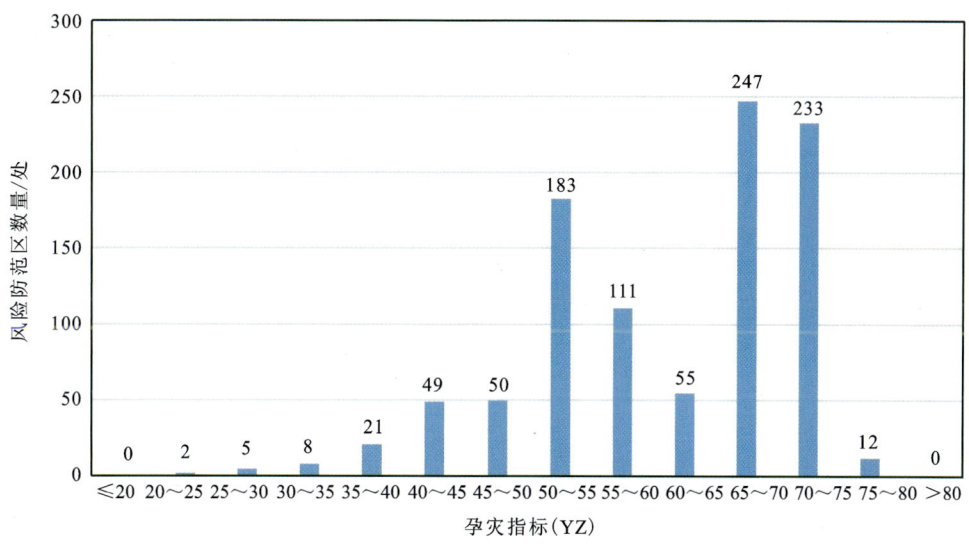

图 7-2 孕灾指数分布统计图

地质灾害风险防范区中孕灾程度复杂的有 245 处、中等的有 596 处、简单的有 135 处,数量占比分别为 25.1%、61.1%、13.8%;而各等级的面积分别为 23.81km²、9.06km²、0.46km²,占比分别为 71.4%、27.2%、1.4%,说明宁波市孕灾程度复杂的地质灾害风险防范区平均面积最大(表 7-6,图 7-3)。

表 7-6 宁波市地质灾害风险防范区孕灾程度评价结果统计表

统计项目		孕灾程度			小计
		复杂	中等	简单	
不同县(市、区)风险防范区数量/处	北仑区	10	24	11	45
	慈溪市	13	23	10	46
	奉化区	80	92	9	181
	海曙区	17	29	8	54
	江北区	5	17	4	26
	宁海县	58	147	34	239
	象山县	5	35	10	50
	鄞州区	12	55	10	77
	余姚市	26	155	31	212
	镇海区	19	19	8	46
风险防范区数量	总计/处	245	596	135	976
	占比/%	25.1	61.1	13.8	100.0
风险防范区面积	总计/km²	23.81	9.06	0.46	33.34
	占比/%	71.4	27.2	1.4	100.0

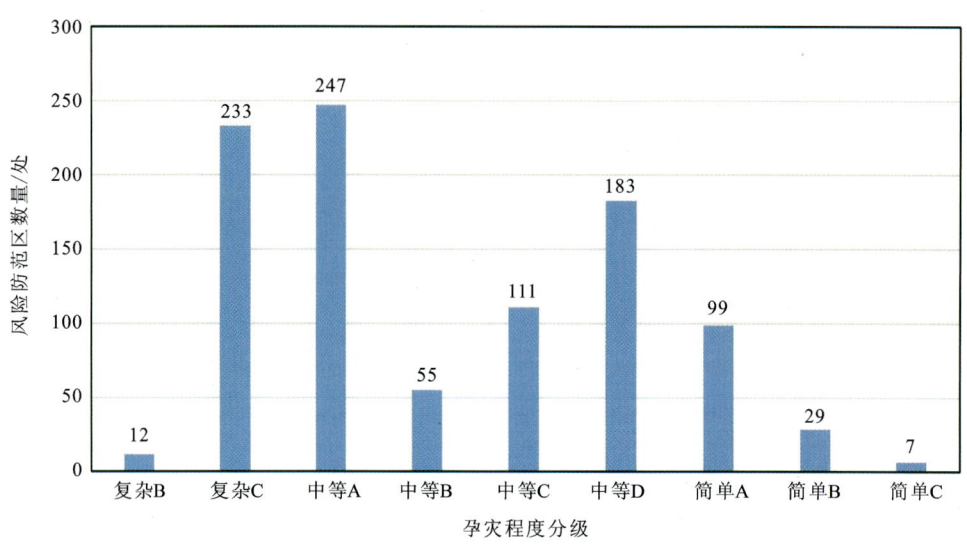

图 7-3 宁波市地质灾害风险防范区孕灾程度统计图

1. 孕灾程度复杂区

孕灾程度复杂的地质灾害风险防范区只有 B、C 两个次等级,其中以复杂 C 为主,复杂 A 无分布。该类风险防范区主要分布于奉化区、宁海县,其次是余姚市、镇海区、海曙区。地貌上分布于低山丘陵区,起伏度 15～25m(50m×50m 范围),坡度一般 25°～45°。岩性以凝灰岩为主,其次是火山岩夹沉积岩,残坡积和坡积物分布广泛,局部岩体破碎程度高。土地利用开发强度较大,人类工程活动强烈,可能发生的地质灾害主要为崩塌、滑坡,其次为泥石流。

2. 孕灾程度中等区

孕灾程度中等的地质灾害风险防范区包括 A、B、C、D 四个次等级,四个次等级中出现两端大、中间小的情况,中等 A 分布数量最多,其次是中等 D。此类风险防范区主要分布于西南山区的余姚市、宁海县、奉化区,其次是鄞州区、象山县等丘陵区,其余县(市、区)局部分布。地貌上分布于起伏度 5～25m(50m×50m)、坡度 15°～35°。工程地质岩组以软硬相间的火山岩夹沉积岩为主,其次是由凝灰岩组成的火山碎屑岩组,缓坡区风化残积土、坡积物分布广泛,且厚度较大。区域内人类工程活动较强烈,形成切坡等微地貌,可能发生的地质灾害主要为崩塌、滑坡,其次为泥石流。

3. 孕灾程度简单区

孕灾程度简单的地质灾害风险防范区包括 A、B、C 三个次等级,以简单 A 为主,其余两个次等级分布数量较少。此类风险防范区主要分布于西南山区的余姚市、宁海县,其余县(市、区)零星分布。地貌上分布于起伏度 5～15m(50m×50m)、坡度 10°～25°。岩性以火山岩夹沉积岩、凝灰岩等为主,其余岩性零星分布,残坡积物分布广泛,且厚度大。人类工程活动较强烈,切坡较多,可能发生的地质灾害主要为崩塌、滑坡。

第7章 地质灾害风险防范区成灾条件区划

宁波市地质灾害风险防范区孕灾程度与坡度、起伏度、岩组、土地开发强度指数的分类统计结果分别如图7-4～图7-7所示,孕灾程度评价结果如图7-8所示。

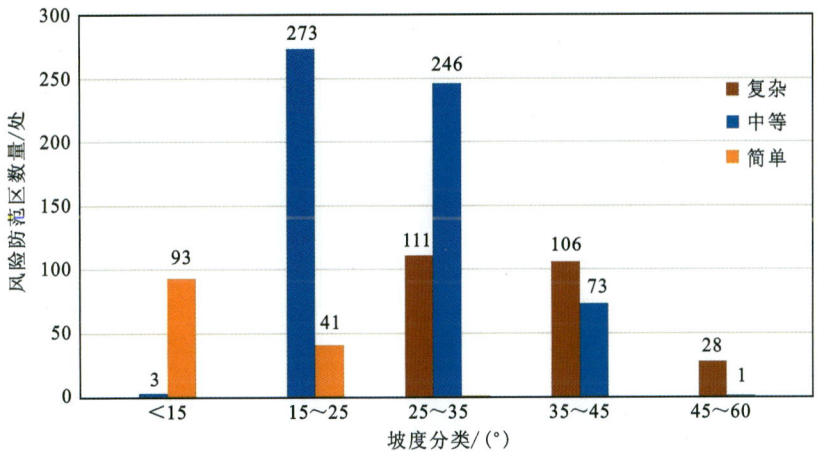

图7-4 宁波市地质灾害风险防范区孕灾程度与坡度分类统计图

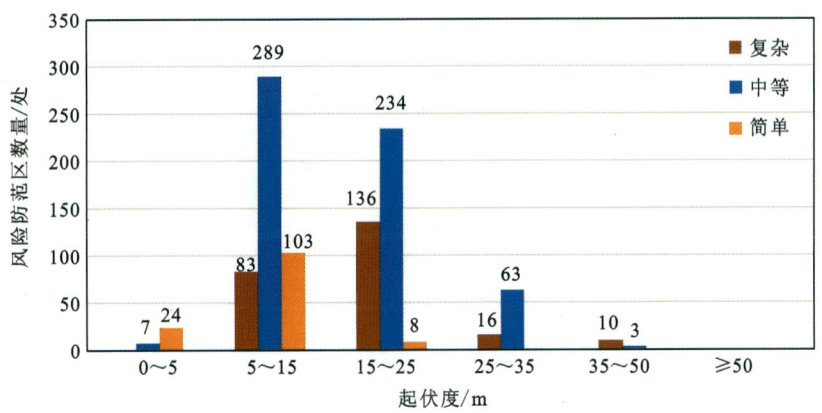

图7-5 宁波市地质灾害风险防范区孕灾程度与起伏度分类统计图

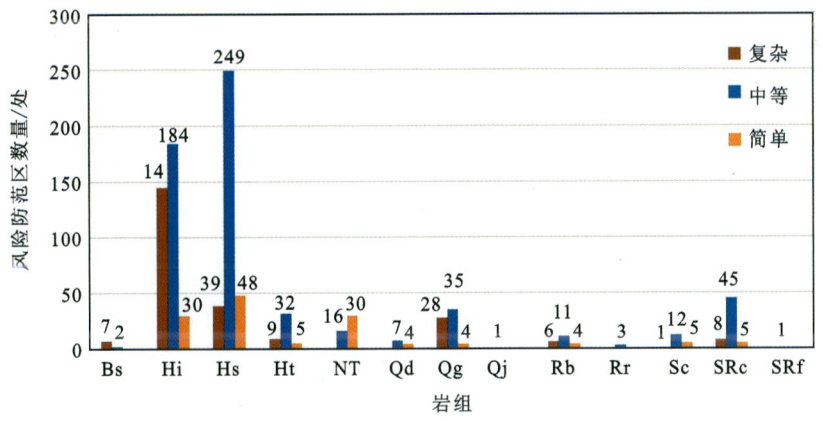

图7-6 宁波市地质灾害风险防范区孕灾程度与岩组分类统计图

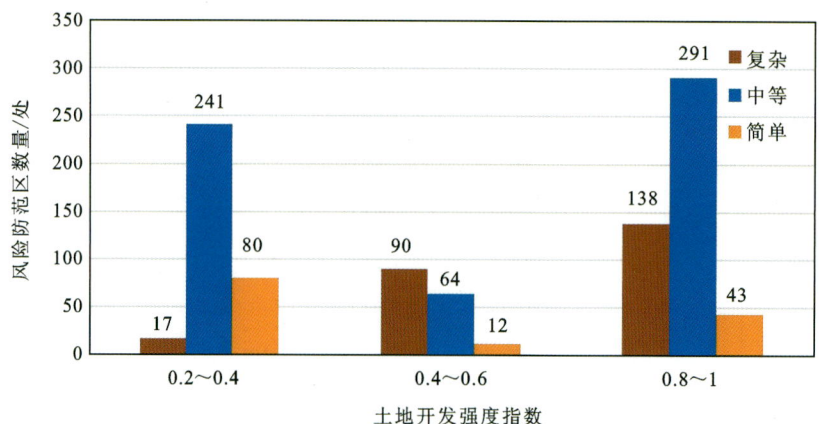

图 7-7 宁波市地质灾害风险防范区孕灾程度与土地开发强度分类统计图

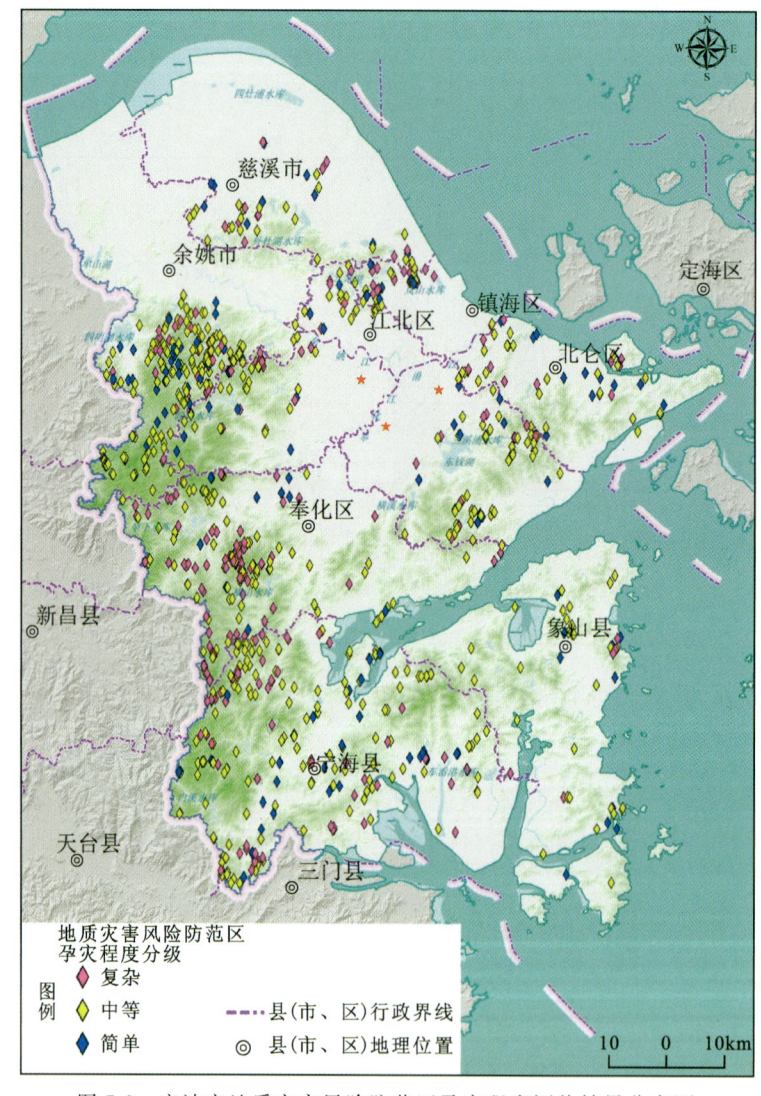

图 7-8 宁波市地质灾害风险防范区孕灾程度评价结果分布图

第8章　地质灾害风险防范区降雨阈值研究

宁波市地质灾害多由强降水引发，因此，地质灾害防治的关键是实现地质灾害的精准预警预报，而科学分析地质灾害的临界降雨阈值对做好地质灾害气象预警预报及减轻地质灾害损失具有非常重要的意义。

地质灾害降雨阈值是指降雨达到或超过一定条件时，发生地质灾害（滑坡、崩塌、泥石流等）的可能性大大增加。现有降雨阈值主要有两种研究方法：物理性降雨阈值方法和经验性降雨阈值方法。物理性降雨阈值是基于刻画地质灾害致灾机制的物理、数学模型，采用严谨的数学方法推导得出。经验性降雨阈值是基于统计学方法，分析大量滑坡与降雨关系得出，不需要严格的数学计算。经验性降雨阈值方法是目前最常用的降雨阈值研究方法。

物理性降雨阈值方法充分考虑灾害的地形条件、岩土体参数、降雨因子等方面因素，对特定灾害类型（如浅层滑坡）具有较好的预测效果，但是不足之处在于，降雨阈值是由一定程度概化的斜坡稳定性模型计算得出，因此不同模型概化的仿真程度及地形地貌、水文和土壤等条件参数的精确度往往有较大的差异。

相比于物理性降雨阈值方法，经验性降雨阈值方法是基于宏观降雨数据和大量滑坡事件，通过统计分析得出降雨与地质灾害的关系。例如 Wilson 和 Keefer（1983）分析了美国亚拉巴马地区、加利福尼亚地区的地质灾害与降雨关系，认为累计降雨量值达到了 180mm 时，地质灾害将被触发；Brand 等（1984）采用两个指标研究降雨与地质灾害的关系，发现虽然短时强降雨与地质灾害的关系可以确定，但是当日降雨量在 100mm 以下时，地质灾害极不容易被诱发。Hong 基于 1999—2013 年的 231 处地质灾害历史数据确定了地质灾害预测的降雨强度-持续阈值（I-D 曲线），反映除降雨以外的其他因素对降雨阈值的影响。陈剑等（2005）基于三峡库区的 112 处地质灾害，建立地质灾害-降水数据库，根据三峡库区地形地貌、地质构造和岩性组合等特征，以齐岳山为界将三峡库区分为 A、B 两区进行研究，认为 24h 最大降雨强度是三峡库区地质灾害诱发的重要影响因子。庄建琦等（2013）基于西安地区 1980—2010 年发生的 114 处地质灾害，利用基于当日降雨量和前期有效降雨量分析的地质灾害预测模型，建立了影响秦岭、李岭、黄土塬地区地质灾害发生的前期有效降雨日数和递减指数，并利用气象资料计算了这些地区未来地质灾害发生概率为 10%、50% 和 90% 的临界阈值，计算了前期有效降雨量和当日降雨量，根据降雨量与阈值的关系，确定 4 级预警等级区域。

前人关于降雨阈值的研究，主要是基于静态成灾指标与降雨阈值的叠加，未充分考虑两者的动态变化特征。本研究以宁波市历史灾险情数据为样本,开展地质灾害影响因子在降雨过程中对成灾贡献的时变性分析,采用地质环境与气象动态分析法,得到不同时段各影响因子的加权雨量,最后根据加权雨量、极值雨量确定临界降雨阈值。该研究结果对提高地质灾害预警预报精度具有重要意义。

8.1 降雨阈值研究技术方法

8.1.1 阈值研究技术路线

结合地质条件因素和降雨信息,本研究提出了一种新的方法——地质因子综合权重法,计算了宁波市地质灾害风险防范区的临界降雨阈值。该方法的计算过程主要分为以下 4 步(图 8-1)。

1. 确定不同地质灾害类型的特征指标因子

首先分析滑坡、崩塌、坡面泥石流、沟谷泥石流 4 种类型灾害发生时的降雨量与地形地貌、地层岩性、构造、斜坡岩土体结构、水文地质等地质环境条件之间的相关性,选取不同地质灾害类型的主要特征指标因子,并对每种因子合理分类,为后续不同地灾类型的特征指标因子的权重赋值工作打下基础。

2. 计算不同地质灾害类型指标因子类别的加权雨量值

收集整理宁波市地质灾害基本信息以及雨量数据(本研究主要选择 2010 年后发生的地质灾害),通过每种指标因子类别下的平均降雨量与总体平均降雨量的离散程度,利用通用的标准离差法,确定每种指标因子的降雨权重。

3. 计算风险防范区的降雨阈值参考值

收集宁波市每个地质灾害风险防范区地理、地质、水文气象等信息,并划分地质灾害风险防范区的指标因子组合,对照上述指标因子每种类别的加权雨量值求和计算各风险防范区的平均降雨量,作为红色预警参考值。

4. 计算风险防范区的最终降雨阈值

统计每个风险防范区历史降雨极大值,并与防范区内对应类别的红色预警参考值进行比较计算,通过一定的比较方法,分别计算出各风险防范区的理论红色、橙色、黄色预警降雨阈值。并对各地质灾害风险性防范区按其各自的危险级别等实际情况,对理论降雨阈值给予经验系数调整,进而确定各风险防范区的最终红色、橙色、黄色预警降雨阈值。

第 8 章 地质灾害风险防范区降雨阈值研究

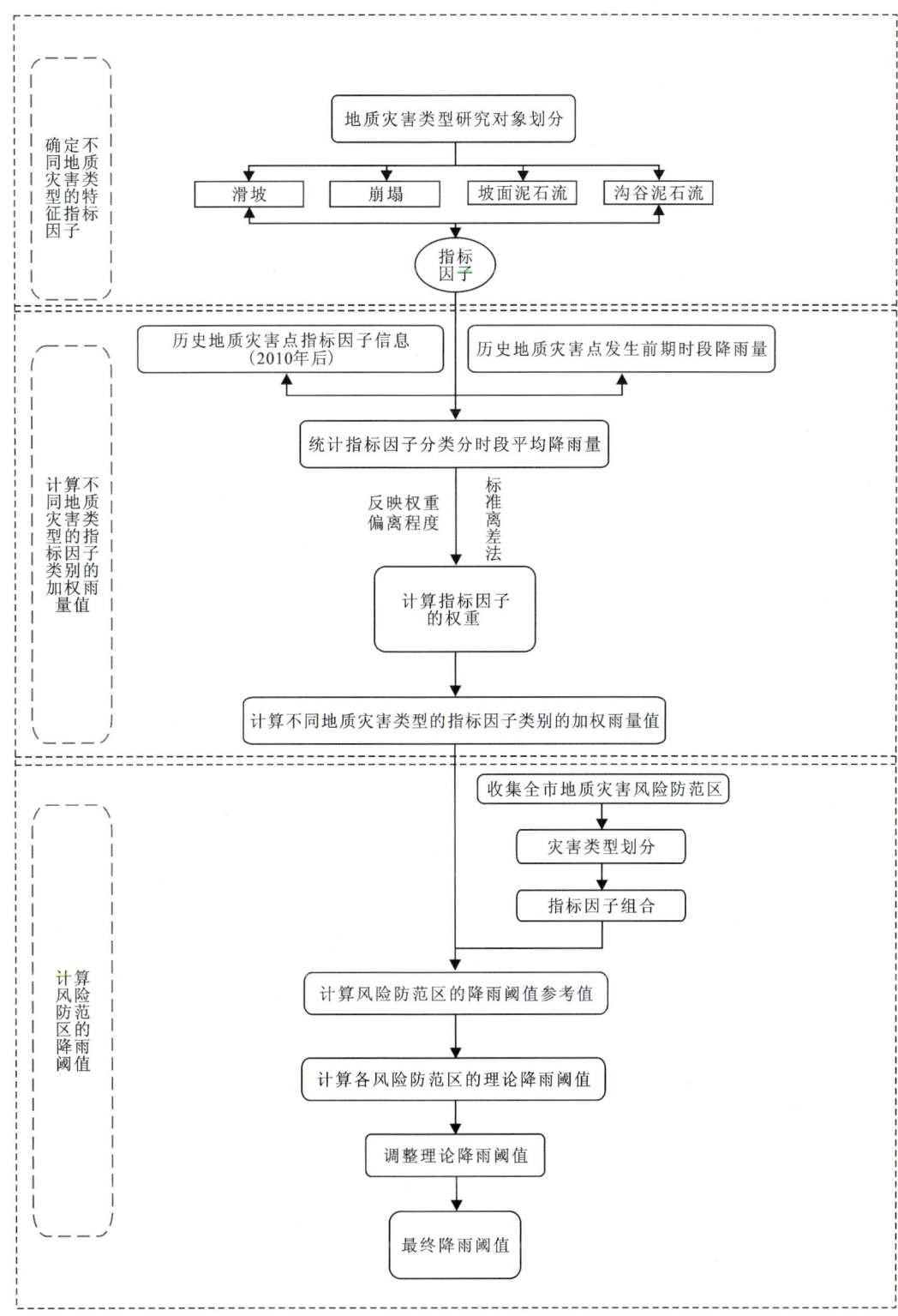

图 8-1 降雨阈值研究技术路线

8.1.2 影响降雨阈值的地质因子分析

宁波市地貌差异大,岩性复杂多变,地质构造发育,人类活动强烈,在降雨条件下极易激发岩土体失稳,形成滑坡、崩塌、泥石流等地质灾害。因此,以历史地质灾害灾情数据为样本,通过地质环境与地质灾害的相关性分析,选取岩性、覆盖层厚度、斜坡相对高差、斜坡坡度、人工切坡高度、致灾体高程、植被类型、河沟纵坡坡度和流域面积共9个因子作为关键影响因子(表8-1),相关情况介绍如下。

表 8-1 地质因子分类表

地质因子	分类数/类	类别	标志	适用灾害类型
岩性	6	玄武岩	A1	滑坡、崩塌、坡面泥石流、沟谷泥石流
		火山碎屑岩、火山熔岩	A2	
		侵入岩、潜火山岩	A3	
		层状沉积岩	A4	
		坡积类(残坡积、坡洪积)	A5	
		冲洪积、冲积、洪积类	A6	
覆盖层厚度/m	6	<1	B1	滑坡、崩塌、坡面泥石流、沟谷泥石流
		1~3	B2	
		3~6	B3	
		6~12	B4	
		12~25	B5	
		≥25	B6	
斜坡相对高差/m	5	<20	C1	滑坡、崩塌、坡面泥石流、沟谷泥石流
		20~50	C2	
		50~100	C3	
		100~300	C4	
		>300	C5	
斜坡坡度/(°)	5	<15	D1	滑坡、崩塌、坡面泥石流、沟谷泥石流
		15~25	D2	
		25~35	D3	
		35~45	D4	
		≥45	D5	

续表 8-1

地质因子	分类数/类	类别	标志	适用灾害类型
人工切坡高度/m	5	<3	E1	滑坡、崩塌
		3~6	E2	
		6~12	E3	
		12~25	E4	
		≥25	E5	
致灾体高程/m	5	<50	F1	滑坡、崩塌、坡面泥石流、沟谷泥石流
		50~150	F2	
		150~300	F3	
		300~500	F4	
		≥500	F5	
植被类型	2	毛竹林	G1	坡面泥石流、沟谷泥石流
		乔木、灌木	G2	
河沟纵坡坡度/(°)	4	<3	H1	沟谷泥石流
		3~6	H2	
		6~12	H3	
		≥12	H4	
流域面积/km²	4	0.2~5	K1	沟谷泥石流
		5~10	K2	
		10~100	K3	
		≥100	K4	

1. 岩性

岩性是地质灾害的必要内部条件之一。不同岩石抗风化和抗侵蚀能力的强弱，影响着滑坡、泥石流固体物源的供给。一般软弱岩性层、胶结成岩作用差的岩性层和软硬相间的岩性层比岩性均一、坚硬的岩性层易遭受破坏，提供的松散物质也多，反之亦然。岩性对崩塌有明显的控制作用。不同岩石的坚硬程度、风化的差异性、硬、软相间岩的组合，以及岩体中各种不连续面的存在，是切坡发生崩塌的决定性因素之一。

2. 覆盖层厚度

覆盖层厚度是地质灾害的必要内部条件之一。覆盖层为滑坡、泥石流灾害提供了主要物源。宁波低山丘陵区覆盖层普遍为残坡积粉质黏土及强—全风化基岩。风化破坏了基岩完整性，导致基岩稳定性差，这是形成崩塌的基础。

3. 斜坡相对高差

斜坡相对高差是滑坡、崩塌和泥石流发育的必要内部条件之一，对地质灾害的发育有着重要的影响。斜坡相对高差越大，坡内应力值越大，发生滑坡、崩塌和泥石流的可能性就越大；相对高差大的沟谷，势能条件好，河流冲刷能力、携带能力强，有助于松散物质和水流快速汇集，有利于泥石流的快速形成。

4. 斜坡坡度

斜坡坡度是滑坡、崩塌和泥石流发育的必要内部条件之一。斜坡坡度越大，坡脚的应力集中现象越突出，最大剪应力随之升高，斜坡将越易失稳。斜坡坡度越大，越有利于沟岸的松散物质汇集于沟床内参与泥石流，并为泥石流的形成提供较大的动力条件。

5. 人工切坡高度

人工切坡高度作为诱发滑坡灾害的条件，会导致边坡基岩强烈而连续的卸荷，改变坡体应力状态，造成坡内应力重新分布，节理、裂隙扩展，为雨水下渗提供有利通道。在水力作用下，岩土体抗滑力减小，下滑力增大，从而产生滑坡。同样，人工切坡更是诱发崩塌灾害的重要条件，削坡破坏基岩稳定性，改变坡体应力状态，使节理、裂隙扩展，导致岩体易在重力作用下形成崩塌。一般人工情况下，切坡高度越大，越容易导致地质灾害的发生。

6. 致灾体高程

高程高的区域一般气温低、温差大、物理风化强烈，崩积体或堆积层厚度往往较大。同时，人类活动范围也受高程的影响，致灾体高程高的地区一般人类工程活动弱，因人类活动导致的地质灾害也少。因此高程也是各种类型地质灾害的影响因子。

7. 植被类型

植被被认为是斜坡保持稳定的有利条件，茂盛的植被尤其是乔木，根系深扎，固土能力强，但在台风、大风条件下树木摇曳，易导致根部土体产生裂隙，进一步加剧降雨入渗，促进土体软化，并增大静水压力，降低摩擦阻力，成为滑坡、泥石流发生的有利因素。当植被类型以单一的毛竹林为主时，植被扎根较浅且根系横向生长，台风暴雨期竹林易连根拔起、倾倒，坡面松动，从而加剧坡面泥石流的发生。因此植被类型是影响泥石流的重要条件之一。

8. 河沟纵坡坡度

河沟纵坡坡度是影响泥石流形成、运动特征的主要条件。一般来说，沟床纵坡坡度越大，沟岸松散固体物质势能向动能的转化能力越强，有助于沟谷泥石流的发生。

9. 流域面积

较大的流域面积可为泥石流的形成提供广阔的汇水面积和众多的松散物质来源。沟谷泥石流以流域为周界，受沟谷一定的制约。因此流域面积是影响沟谷泥石流的重要条件之一。

8.1.3 地质因子综合权重法原理

1. 历史地质因子分类降雨量统计

筛选地质灾害发生前 1 个月内的雨量数据，并选取灾害发生时刻前 1h、3h、6h、12h、24h、36h、48h、72h、120h、168h 时间段的最大雨量数据，分别计算各地质因子不同类别的平均累计降雨量和各个时间段的总平均降雨量，如表 8-2 所示。

表 8-2　地质灾害发生前自然斜坡降雨量统计

地质因子类别及总平均降雨量	灾害发生前不同时期累计降雨量/mm									
	1h	3h	6h	12h	24h	36h	48h	72h	120h	168h
L1	h_j^{1-1}	h_j^{1-3}	h_j^{1-6}	h_j^{1-12}	h_j^{1-24}	h_j^{1-36}	h_j^{1-48}	h_j^{1-72}	h_j^{1-120}	h_j^{1-168}
L2	h_j^{2-1}	h_j^{2-3}	h_j^{2-6}	h_j^{2-12}	h_j^{2-24}	h_j^{2-36}	h_j^{2-48}	h_j^{2-72}	h_j^{2-120}	h_j^{2-168}
L3	h_j^{3-1}	h_j^{3-3}	h_j^{3-6}	h_j^{3-12}	h_j^{3-24}	h_j^{3-36}	h_j^{3-48}	h_j^{3-72}	h_j^{3-120}	h_j^{3-168}
L4	h_j^{4-1}	h_j^{4-3}	h_j^{4-6}	h_j^{4-12}	h_j^{4-24}	h_j^{4-36}	h_j^{4-48}	h_j^{4-72}	h_j^{4-120}	h_j^{4-168}
L5	h_j^{5-1}	h_j^{5-3}	h_j^{5-6}	h_j^{5-12}	h_j^{5-24}	h_j^{5-36}	h_j^{5-48}	h_j^{5-72}	h_j^{5-120}	h_j^{5-168}
总平均降雨量/mm	h_j^1	h_j^3	h_j^6	h_j^{12}	h_j^{24}	h_j^{36}	h_j^{48}	h_j^{72}	h_j^{120}	h_j^{168}

2. 计算各地质因子的权重

采用标准离差法计算各地质因子的权重。标准离差法是方差的正平方根，可以用来表示随机变量和其数学期望之间的离散程度，某个地质因子指标的标准差越大，表明指标值的变异程度越大，提供的信息量越大，在综合评价中所起的作用越大，其权重也越大；相反，某个指标的标准差越小，表明指标值的变异程度越小，提供的信息量越小，在综合评价中所起的作用越小，其权重也越小。因此，标准离差法是根据评价系统指标数据信息确定指标权重的一种客观评价方法，能够表征不同指标对总体影响的差异情况。

具体计算步骤如下：

(1) 采用均值化对同一时段 t（1h、3h、6h、12h、24h、36h、48h、72h、120h、168h）内原始数据（表 8-2）h_j^{i-t} 进行无量纲化处理，形成 t 时段内的一个新矩阵，简写为

$$Z_{i,j} = \frac{(h_j^{i,t}) - (h_j^t)}{(h_j^t)} \qquad (8\text{-}1)$$

式中:j 为影响地质灾害发生的某地质因子;i 为该地质因子下的类别;(h_j^t) 为 t 时段下所有降雨量的平均值。

(2)求地质因子 j 下不同类别 i 的矩阵 $Z_{i,j}$ 元素的平均值。

$$\overline{Z}_j = \frac{1}{n}\sum_{i=1}^{n} Z_{i,j} \qquad (8\text{-}2)$$

式中:n 为不同地质因子的类别数。

(3)求地质因子 j 的均方差 δ_j。

$$\delta_j = \sqrt{\sum_{i=1}^{n}(Z_{i,j} - \overline{Z}_j)^2} \qquad (8\text{-}3)$$

(4)利用均方差求地质因子 j 的权重 w_j。

$$w_j = \frac{\delta_j}{\sum_{j=1}^{p}\delta_j} \qquad (8\text{-}4)$$

式中:p 为地质因子 j 的数目。

通过上述评价方法计算出地质灾害类型的各地质因子权重值,形成因子及其分类权重矩阵(表 8-3)。

表 8-3　地质因子及其分类权重矩阵

地质因子及权值合计	地质灾害发生前时间段										综合权重
	当天					前 1 天		前 2 天	前 4 天	前 6 天	
	1h	3h	6h	12h	24h	36h	48h	72h	120h	168h	
岩性	$w_{1\text{-}1}$	$w_{1\text{-}3}$	$w_{1\text{-}6}$	$w_{1\text{-}12}$	$w_{1\text{-}24}$	$w_{1\text{-}36}$	$w_{1\text{-}48}$	$w_{1\text{-}72}$	$w_{1\text{-}120}$	$w_{1\text{-}168}$	w_1
覆盖层厚度	$w_{2\text{-}1}$	$w_{2\text{-}3}$	$w_{2\text{-}6}$	$w_{2\text{-}12}$	$w_{2\text{-}24}$	$w_{2\text{-}36}$	$w_{2\text{-}48}$	$w_{2\text{-}72}$	$w_{2\text{-}120}$	$w_{2\text{-}168}$	w_2
斜坡相对高差	$w_{3\text{-}1}$	$w_{3\text{-}3}$	$w_{3\text{-}6}$	$w_{3\text{-}12}$	$w_{3\text{-}24}$	$w_{3\text{-}36}$	$w_{3\text{-}48}$	$w_{3\text{-}72}$	$w_{3\text{-}120}$	$w_{3\text{-}168}$	w_3
斜坡坡度	$w_{4\text{-}1}$	$w_{4\text{-}3}$	$w_{4\text{-}6}$	$w_{4\text{-}12}$	$w_{4\text{-}24}$	$w_{4\text{-}36}$	$w_{4\text{-}48}$	$w_{4\text{-}72}$	$w_{4\text{-}120}$	$w_{4\text{-}168}$	w_4
人工切坡高度	$w_{5\text{-}1}$	$w_{5\text{-}3}$	$w_{5\text{-}6}$	$w_{5\text{-}12}$	$w_{5\text{-}24}$	$w_{5\text{-}36}$	$w_{5\text{-}48}$	$w_{5\text{-}72}$	$w_{5\text{-}120}$	$w_{5\text{-}168}$	w_5
致灾体高程	$w_{6\text{-}1}$	$w_{6\text{-}3}$	$w_{6\text{-}6}$	$w_{6\text{-}12}$	$w_{6\text{-}24}$	$w_{6\text{-}36}$	$w_{6\text{-}48}$	$w_{6\text{-}72}$	$w_{6\text{-}120}$	$w_{6\text{-}168}$	w_6
权值合计	1.000	1.000	1.000	1.000	1.000	1.000	1.000	1.000	1.000	1.000	

(5)最终降雨阈值计算。

通过地质因子及其分类权重矩阵、统计的降雨量值计算各地质因子分类的权重降雨量,计算公式如下:

$$hc_j^{i \cdot t} = w_j h_j^{i \cdot t} \qquad (8\text{-}5)$$

从而获得各地质因子不同分类的权重降雨量值矩阵(表8-4)。

表8-4 各地质因子不同分类的权重降雨量值矩阵

地质因子类别	灾害发生前不同时期累计降雨量/mm									
	1h	3h	6h	12h	24h	36h	48h	72h	120h	168h
L1	hc_j^{1-1}	hc_j^{1-3}	hc_j^{1-6}	hc_j^{1-12}	hc_j^{1-24}	hc_j^{1-36}	hc_j^{1-48}	hc_j^{1-72}	hc_j^{1-120}	hc_j^{1-168}
L2	hc_j^{2-1}	hc_j^{2-3}	hc_j^{2-6}	hc_j^{2-12}	hc_j^{2-24}	hc_j^{2-36}	hc_j^{2-48}	hc_j^{2-72}	hc_j^{2-120}	hc_j^{2-168}
L3	hc_j^{3-1}	hc_j^{3-3}	hc_j^{3-6}	hc_j^{3-12}	hc_j^{3-24}	hc_j^{3-36}	hc_j^{3-48}	hc_j^{3-72}	hc_j^{3-120}	hc_j^{3-168}
L4	hc_j^{4-1}	hc_j^{4-3}	hc_j^{4-6}	hc_j^{4-12}	hc_j^{4-24}	hc_j^{4-36}	hc_j^{4-48}	hc_j^{4-72}	hc_j^{4-120}	hc_j^{4-168}
L5	hc_j^{5-1}	hc_j^{5-3}	hc_j^{5-6}	hc_j^{5-12}	hc_j^{5-24}	hc_j^{5-36}	hc_j^{5-48}	hc_j^{5-72}	hc_j^{5-120}	hc_j^{5-168}

确定了各风险防范区的各地质因子类别组合后,对照上述地质因子每种类别的加权雨量值,求和计算各风险防范区 t 时间段的降雨量作为红色预警的参考值 h^c 。t 时间段每个风险防范区的红色预警参考值计算公式如下:

$$h^c = \sum_{j=1}^{p} hc_j^{i \cdot t} \qquad (8\text{-}6)$$

统计风险防范区历史降雨量最大极值 h_L ,并与对应类别的参考值 h^c 进行比较计算,提出各风险防范区的理论红色、橙色、黄色预警降雨阈值 $h_{r理论}$ 、$h_{o理论}$ 、$h_{y理论}$,具体取值如下。

A:$1.2h_L < h^c$,$h_{r理论} = 1/2(1.2h_L + h^c)$,$h_{o理论} = 0.8h_{r理论}$,$h_{y理论} = 0.6h_{r理论}$;

B:$h_L < h^c < 1.2h_L$,$h_{r理论} = h^c$,$h_{o理论} = 0.8h_{r理论}$,$h_{y理论} = 0.6h_{r理论}$;

C:$h^c < h_L$,$h_{r理论} = 1/2(h_L + h^c)$,$h_{o理论} = 0.8h_{r理论}$,$h_{y理论} = 0.6h_{r理论}$ 。

上述计算的理论降雨阈值仅代表同一类风险防范区的值,需结合同一类风险防范区内其他特征因素进行适当调整,从而得到每一个风险防范区的临界降雨阈值。对上述计算得出红色、橙色、黄色理论预警降雨阈值进行具体的系数调整,具体调整条件如下。

A:风险防范区存在人工切坡高度>8m且顺坡向层理发育或存在危岩体;

B:风险防范区查明存在山体开裂、挡墙膨胀等变形迹象;

C:风险防范区范围内均采取支护措施且现状稳定性较好,未见变形迹象;

D:沟谷流域有零星崩塌、滑坡,沟谷存在淤堵;

E:地质灾害中、高易发区域;

F:风险防范区影响范围内无常住人口;

G:中、高危险的风险防范区。

通过上述几种情况的系数调整,计算得出风险防范区的最终红色、橙色、黄色预警降雨阈值 $H_{r调整}$ 、$H_{o调整}$ 、$H_{y调整}$ 。

8.2 不同类型地质灾害的诱发降雨阈值

8.2.1 滑坡灾害的不同地质因子分类权重降雨量

1. 历史滑坡地质因子分类降雨量统计

以斜坡坡度为例,滑坡发生前 1h、3h、6h、12h、24h、36h、48h、72h、120h、168h 时间段的最大雨量数据如表 8-5 所示。

表 8-5　滑坡灾害自然斜坡降雨量统计

斜坡坡度类别及总平均降雨量	滑坡灾害发生前不同时段累计降雨量/mm									
	1h	3h	6h	12h	24h	36h	48h	72h	120h	168h
D1	67.34	112.71	182.72	277.74	312.83	341.82	342.22	342.22	342.22	342.22
D2	12.16	39.108	63.78	140.19	198.62	227.21	238.81	241.69	265.83	285.23
D3	9.15	24.50	55.33	102.49	236.05	266.83	282.92	286.08	298.38	313.53
D4	12.31	30.25	50.53	98.49	171.14	216.09	237.69	243.56	247.50	314.58
D5	2.86	3.54	12.82	83.90	286.85	353.17	356.08	360.37	376.99	465.03
总平均降雨量/mm	11.86	32.34	61.67	118.51	203.39	231.02	244.59	249.49	269.14	294.84

2. 各地质因子权重值计算

按照地质因子综合权重法计算滑坡灾害各地质因子的权重值,计算结果如表 8-6 所示。

表 8-6　滑坡灾害地质因子权重计算值

地质因子类别及权值合计		滑坡灾害发生前时间段										综合权重
		当天					前1天		前2天	前4天	前6天	
		1h	3h	6h	12h	24h	36h	48h	72h	120h	168h	
岩性	w_1	0.076	0.126	0.140	0.126	0.135	0.119	0.122	0.127	0.108	0.051	0.118
覆盖层厚度	w_2	0.140	0.192	0.182	0.238	0.308	0.322	0.342	0.351	0.373	0.350	0.247
斜坡相对高差	w_3	0.060	0.047	0.099	0.126	0.136	0.149	0.153	0.152	0.142	0.140	0.126
斜坡坡度	w_4	0.623	0.494	0.439	0.330	0.172	0.165	0.138	0.138	0.137	0.153	0.323
人工切坡高度	w_5	0.067	0.082	0.089	0.119	0.148	0.150	0.149	0.140	0.136	0.196	0.120
致灾体高程	w_6	0.034	0.059	0.051	0.061	0.101	0.095	0.096	0.092	0.104	0.110	0.065
权值合计		1.000	1.000	1.000	1.000	1.000	1.000	1.000	1.000	1.000	1.000	1.000

根据表 8-6 结果,影响因子作用从大到小分别为斜坡坡度、覆盖层厚度、斜坡相对高差、人工切坡高度、致灾体高程、岩性,其中斜坡坡度、覆盖层厚度两个因子对宁波市滑坡灾害的影响居于前两位,斜坡相对高程因子对滑坡灾害影响最小。

3. 求取各地质因子类别的加权雨量值

上述计算地质因子权重为一级权重值,需要计算每个地质因子具体类别的二级综合权重,然后将地质因子二级综合权重值乘以类别平均诱发雨量之和,从而把该类别下平均诱发降雨量之和以二级综合权重为系数分配给每个因子子类别,即子类别的加权降雨量,以量化每个子类别对临界降雨量的贡献程度。按照表 8-4 中各因子分类的权重降雨量值矩阵,计算结果如表 8-7～表 8-12 所示。

表 8-7 滑坡灾害岩性权重降雨量计算表

岩性类别	滑坡灾害发生前不同时段权重降雨量/mm									
	1h	3h	6h	12h	24h	36h	48h	72h	120h	168h
A1	0.553	2.041	3.072	7.634	21.025	29.066	34.472	37.508	32.289	15.386
A2	0.849	3.949	8.737	15.668	29.030	28.428	30.943	32.701	29.803	15.225
A3	0.871	3.055	5.932	8.723	13.450	15.892	18.363	19.943	20.276	12.585
A4	1.242	5.714	10.699	15.922	27.919	27.716	29.973	32.102	28.886	15.474

表 8-8 滑坡灾害覆盖层厚度权重降雨量计算表

覆盖层厚度类别	滑坡灾害发生前不同时段权重降雨量/mm									
	1h	3h	6h	12h	24h	36h	48h	72h	120h	168h
B1	2.619	11.294	19.245	46.006	79.529	91.779	99.601	102.286	114.462	108.483
B2	1.592	5.613	10.504	26.847	61.611	73.602	82.627	86.711	100.021	103.421
B3	1.636	9.253	10.380	29.326	85.941	105.441	124.767	129.831	142.671	156.145
B4	1.417	3.955	6.285	13.899	21.669	22.974	24.315	24.944	27.859	29.854
B5	0.279	5.030	9.265	12.148	15.707	16.456	17.417	17.877	20.959	23.483

表 8-9 滑坡灾害相对高差权重降雨量计算表

相对高差类别	滑坡灾害发生前不同时段权重降雨量/mm									
	1h	3h	6h	12h	24h	36h	48h	72h	120h	168h
C1	1.033	1.695	8.860	22.743	40.045	51.248	56.018	56.354	53.958	59.480
C2	0.746	1.863	7.365	17.948	27.884	34.833	37.483	37.539	38.938	39.854
C3	0.743	1.588	6.230	15.135	29.622	36.813	39.738	40.213	40.093	42.766
C4	0.609	1.345	4.994	12.323	22.599	27.691	30.343	31.348	32.396	35.704

表 8-10 滑坡灾害斜坡坡度权重降雨量计算表

斜坡坡度类别	滑坡灾害发生前不同时段权重降雨量/mm									
	1h	3h	6h	12h	24h	36h	48h	72h	120h	168h
D1	41.888	55.638	80.266	91.550	53.936	56.249	47.367	47.098	47.012	52.279
D2	7.562	19.303	28.016	46.210	34.244	37.389	33.055	33.263	36.518	43.574
D3	5.690	12.093	24.306	33.783	40.697	43.908	39.159	39.372	40.990	47.896
D4	7.655	14.933	22.198	32.465	29.508	35.559	32.899	33.520	34.001	48.056
D5	1.779	1.747	5.632	27.656	49.457	58.117	49.286	49.596	51.789	71.040

表 8-11 滑坡灾害人工切坡高度权重降雨量计算表

人工切坡高度类别	滑坡灾害发生前不同时段权重降雨量/mm									
	1h	3h	6h	12h	24h	36h	48h	72h	120h	168h
E1	0.738	2.351	4.838	14.375	34.188	40.433	43.355	41.684	42.966	66.248
E2	1.047	3.694	7.239	16.338	25.781	28.369	28.643	27.766	30.053	51.049
E3	0.742	2.512	5.865	15.211	31.586	34.875	35.572	34.030	34.884	56.895
E4	0.952	2.967	6.077	12.754	28.971	32.912	34.540	33.130	35.075	53.546
E5	0.544	2.078	4.223	9.203	16.095	17.494	18.741	18.323	20.483	35.027

表 8-12 滑坡灾害致灾体高程权重降雨量计算表

致灾体高程类别	滑坡灾害发生前不同时段权重降雨量/mm									
	1h	3h	6h	12h	24h	36h	48h	72h	120h	168h
F1	0.353	1.628	2.944	6.033	16.437	17.523	18.547	18.385	21.863	24.494
F2	0.474	2.427	3.825	7.483	19.334	21.485	22.982	22.685	28.005	32.844
F3	0.421	1.854	3.173	7.096	25.183	26.850	28.252	27.188	31.842	37.198
F4	0.385	1.945	3.103	8.202	23.365	24.751	26.410	25.605	32.184	37.034
F5	0.446	1.895	2.843	8.170	19.823	22.893	24.079	23.322	29.760	37.715

8.2.2 崩塌灾害的不同地质因子分类权重降雨量

1.历史崩塌灾害地质因子分类下降雨量统计

筛选崩塌灾害发生前1个月内的雨量数据,并选取灾害发生时刻前 1h、3h、6h、12h、24h、

第8章 地质灾害风险防范区降雨阈值研究

36h、48h、72h、120h、168h 时间段的最大雨量数据,分别计算不同因子分类的平均累计降雨量和各个时间段的总平均降雨量。以人工切坡高度因子为例,表 8-13 列出了平均累计降雨量的计算值。

表 8-13 崩塌灾害人工切坡高度降雨量统计

切坡高度类别及总平均降雨量	崩塌灾害发生前不同时段累计降雨量/mm									
	1h	3h	6h	12h	24h	36h	48h	72h	120h	168h
E1	10.66	38.68	67.52	97.36	241.69	286.40	305.17	307.44	311.54	330.12
E2	12.51	43.59	77.03	121.07	257.25	325.38	347.70	351.79	358.86	374.92
E3	21.44	50.79	77.47	106.91	224.33	260.38	278.90	293.86	304.17	323.17
E4	13.09	45.33	56.55	85.19	140.93	151.08	154.16	156.06	163.29	166.92
E5	7.88	24.02	35.76	61.26	114.27	131.36	136.78	139.01	147.46	187.57
总平均降雨量/mm	13.29	41.57	67.52	101.94	216.18	260.65	277.21	282.53	289.85	308.85

2. 计算各地质因子的权重

采用标准离差法计算各崩塌地质因子的权重,具体计算过程可参考滑坡地质因子的权重计算过程。计算得出的崩塌灾害类型各地质因子权重值见表 8-14。

表 8-14 崩塌灾害地质因子权重计算值

地质因子类别及权值合计		崩塌灾害发生前时间段										综合权重
		当天					前1天	前2天	前4天	前6天		
		1h	3h	6h	12h	24h	36h	48h	72h	120h	168h	
岩性	w_1	0.162	0.116	0.118	0.128	0.099	0.081	0.084	0.083	0.087	0.106	0.107
覆盖层厚度	w_2	0.108	0.124	0.069	0.095	0.087	0.071	0.070	0.066	0.066	0.084	0.084
相对高差	w_3	0.104	0.106	0.165	0.150	0.074	0.269	0.271	0.285	0.286	0.273	0.198
斜坡坡度	w_4	0.192	0.245	0.213	0.185	0.149	0.125	0.122	0.121	0.117	0.110	0.158
人工切坡高度	w_5	0.138	0.183	0.189	0.175	0.212	0.181	0.183	0.184	0.188	0.186	0.182
致灾体高程	w_6	0.296	0.226	0.246	0.267	0.379	0.273	0.270	0.261	0.256	0.241	0.271
权值合计		1.000	1.000	1.000	1.000	1.000	1.000	1.000	1.000	1.000	1.000	1.000

根据表 8-14 的计算结果,崩塌灾害影响因子作用从大到小分别为致灾体高程、相对高差、人工切坡高度、斜坡坡度、岩性、覆盖层厚度,其中致灾体高程因子对宁波市崩塌灾害影响最大,覆盖层厚度对崩塌灾害影响最小。

3. 求取各地质因子类别的加权雨量值

以崩塌灾害各地质因子权重值为加权值,对各因子分类不同时间段的平均降雨量大小进行加权,作为每类地质因子下不同类别在不同前期时间段的权重降雨量,结果如表 8-15～表 8-20 所示。

表 8-15 崩塌灾害岩性权重降雨量计算表

岩性类别	崩塌灾害发生前不同时段权重降雨量/mm									
	1h	3h	6h	12h	24h	36h	48h	72h	120h	168h
A1	—	—	—	—	—	—	—	—	—	—
A2	2.53	5.24	8.55	14.30	20.47	20.12	22.10	22.47	24.52	32.20
A3	3.46	4.28	5.23	13.76	17.65	17.24	18.45	18.33	19.37	24.12
A4	1.09	4.39	7.65	10.33	24.01	23.58	26.05	26.01	27.73	34.28
A5	1.23	3.13	6.16	9.41	25.20	25.24	27.72	27.63	29.63	39.96
A6	—	—	—	—	—	—	—	—	—	—

表 8-16 崩塌灾害覆盖层厚度权重降雨量计算表

覆盖层厚度类别	崩塌灾害发生前不同时段权重降雨量/mm									
	1h	3h	6h	12h	24h	36h	48h	72h	120h	168h
B1	0.39	3.47	4.05	7.66	24.47	24.38	25.45	24.31	24.63	34.43
B2	1.60	5.49	4.81	10.09	18.03	17.71	18.47	17.92	18.40	24.65
B3	0.82	3.33	3.58	6.97	22.18	22.24	23.19	22.16	22.48	31.65
B4	—	—	—	—	—	—	—	—	—	—
B5	—	—	—	—	—	—	—	—	—	—

表 8-17 崩塌灾害相对高差权重降雨量计算表

相对高差类别	崩塌灾害发生前不同时段权重降雨量/mm									
	1h	3h	6h	12h	24h	36h	48h	72h	120h	168h
C1	—	—	—	—	—	—	—	—	—	—
C2	1.24	3.33	9.20	13.89	13.16	55.80	58.93	62.36	63.76	67.58
C3	1.22	4.14	10.66	15.05	14.63	62.01	66.18	70.68	73.88	77.09
C4	1.62	4.96	11.75	15.07	17.70	76.10	82.08	88.17	90.11	89.63
C5	0.52	4.68	15.92	21.29	15.20	141.34	153.75	168.53	169.09	162.54

表 8-18　崩塌灾害斜坡坡度权重降雨量计算表

斜坡坡度类别	崩塌灾害发生前不同时段权重降雨量/mm									
	1h	3h	6h	12h	24h	36h	48h	72h	120h	168h
D1	—	—	—	—	—	—	—	—	—	—
D2	1.37	8.58	13.86	16.07	40.28	40.78	42.56	42.65	41.93	41.58
D3	2.18	8.68	12.58	16.53	23.17	22.09	22.97	23.57	24.15	25.34
D4	4.99	16.18	20.97	26.91	36.18	37.57	38.67	39.80	38.85	37.11
D5	2.36	8.13	9.56	17.90	28.04	29.17	30.26	30.25	30.60	31.52

表 8-19　崩塌灾害人工切坡高度权重降雨量计算表

人工切坡高度类别	崩塌灾害发生前不同时段权重降雨量/mm									
	1h	3h	6h	12h	24h	36h	48h	72h	120h	168h
E1	1.47	7.07	12.75	17.05	51.13	51.88	55.87	56.68	58.44	61.14
E2	1.72	7.96	14.55	21.20	54.43	58.94	63.66	64.85	67.32	69.44
E3	2.95	9.28	14.63	18.72	47.46	47.17	51.06	54.17	57.06	59.86
E4	1.80	8.28	10.68	14.92	29.82	27.37	28.22	28.77	30.63	30.92
E5	1.08	4.39	6.76	10.73	24.18	23.80	25.04	25.63	27.66	34.74

表 8-20　崩塌灾害致灾体高程因子权重降雨量计算表

致灾体高程类别	崩塌灾害发生前不同时段权重降雨量/mm									
	1h	3h	6h	12h	24h	36h	48h	72h	120h	168h
F1	5.87	9.03	10.86	22.92	49.50	42.58	43.69	42.83	46.73	50.39
F2	2.71	7.83	14.06	24.03	59.18	58.68	61.24	60.47	61.82	64.71
F3	11.04	14.65	17.10	19.39	55.32	48.51	52.62	55.59	54.91	54.83
F4	4.06	9.89	17.89	32.02	106.21	92.59	98.85	95.95	94.46	92.81
F5	4.40	13.00	25.79	42.71	150.55	126.25	133.83	129.31	126.91	119.80

8.2.3　坡面泥石流灾害的不同地质因子分类权重降雨量

1. 历史坡面泥石流灾害地质因子分类下降雨量统计

筛选坡面泥石流灾害发生前 1 个月内的雨量数据，分别计算不同因子分类的平均累计降雨量和各个时间段的总平均降雨量。以覆盖层厚度因子为例，表 8-21 列出了降雨量的计算值。

表 8-21　坡面泥石流灾害覆盖层厚度降雨量统计

覆盖层厚度类别及总平均降雨量	坡面泥石流灾害发生前不同时段累计降雨量/mm								
	1h	3h	6h	12h	24h	36h	48h	72h	120h	168h
B1	29.55	80.82	122.07	232.49	352.58	379.18	391.46	392.02	392.04	392.18
B2	16.38	57.20	95.90	211.60	360.45	387.52	404.21	405.84	407.81	414.96
B3	14.73	47.46	80.36	166.59	379.09	431.97	453.35	454.50	454.51	454.55
B4	—	—	—	—	—	—	—	—	—	—
B5	—	—	—	—	—	—	—	—	—	—
总平均降雨量/mm	18.20	59.89	98.48	210.88	360.86	390.07	406.49	407.92	409.44	414.93

2. 计算各地质因子的权重

采用标准离差法计算各坡面泥石流地质因子的权重,计算出坡面泥石流灾害类型的各地质因子权重值,结果如表 8-22 所示。

表 8-22　坡面泥石流灾害地质因子权重计算值

地质因子及权值合计		坡面泥石流灾害发生前时间段									综合权重
		当天					前1天		前2天	前4天	前6天	
		1h	3h	6h	12h	24h	36h	48h	72h	120h	168h	
岩性	w_1	0.341	0.311	0.298	0.297	0.152	0.136	0.129	0.140	0.137	0.139	0.208
覆盖层厚度	w_2	0.216	0.117	0.180	0.081	0.202	0.208	0.215	0.213	0.213	0.208	0.185
相对高差	w_3	0.180	0.165	0.186	0.119	0.184	0.203	0.220	0.219	0.219	0.224	0.192
斜坡坡度	w_4	0.075	0.142	0.154	0.248	0.214	0.195	0.192	0.190	0.190	0.188	0.179
植被类型	w_5	0.008	0.019	0.020	0.052	0.061	0.063	0.058	0.057	0.060	0.063	0.046
致灾体高程	w_6	0.180	0.246	0.162	0.203	0.188	0.195	0.185	0.181	0.181	0.179	0.190
权值合计		1.000	1.000	1.000	1.000	1.000	1.000	1.000	1.000	1.000	1.000	1.000

表 8-22 的结果显示,坡面泥石流灾害地质因子作用从大到小分别为岩性、相对高差、致灾体高程、覆盖层厚度、斜坡坡度、植被类型,其中岩性因子对宁波市坡面泥石流灾害影响最大,斜坡坡度对坡面泥石流灾害影响最小。

3. 计算各地质因子类别的加权降雨量

以坡面泥石流灾害类型各地质因子权重值为加权值,对各因子分类不同时间段的平均降雨量大小进行加权,作为每类指标因子下不同类别在不同前期时间段的权重降雨量,结果如表 8-23～表 8-28 所示。

第8章 地质灾害风险防范区降雨阈值研究

表8-23 坡面泥石流灾害岩性权重降雨量计算表

岩性类别	坡面泥石流灾害发生前不同时段权重降雨量/mm									
	1h	3h	6h	12h	24h	36h	48h	72h	120h	168h
A1	—	—	—	—	—	—	—	—	—	—
A2	7.25	19.88	31.43	64.85	72.22	65.76	63.43	69.14	67.97	69.74
A3	6.03	11.69	21.39	33.78	55.67	58.69	58.38	63.67	62.35	63.06
A4	1.89	5.44	6.92	20.46	38.29	42.48	64.25	73.95	72.42	73.40
A5	17.13	33.80	48.24	67.80	49.80	45.98	43.03	46.80	46.59	47.12
A6	—	—	—	—	—	—	—	—	—	—

表8-24 坡面泥石流灾害覆盖层厚度权重降雨量计算表

覆盖层厚度类别	坡面泥石流灾害发生前不同时段权重降雨量/mm									
	1h	3h	6h	12h	24h	36h	48h	72h	120h	168h
B1	4.88	9.81	11.86	24.20	10.53	22.11	25.33	25.06	24.97	24.08
B2	2.70	6.94	9.32	22.03	10.76	22.60	26.15	25.94	25.98	25.48
B3	2.43	5.76	7.81	17.34	11.32	25.19	29.33	29.06	28.95	27.91
B4	—	—	—	—	—	—	—	—	—	—
B5	—	—	—	—	—	—	—	—	—	—

表8-25 坡面泥石流灾害相对高差权重降雨量计算表

相对高差类别	坡面泥石流灾害发生前不同时段权重降雨量/mm									
	1h	3h	6h	12h	24h	36h	48h	72h	120h	168h
C1	1.61	4.27	28.13	21.87	44.75	50.44	53.98	53.38	54.02	54.68
C2	5.06	8.33	24.67	28.04	74.58	87.76	95.43	94.44	93.76	91.41
C3	3.13	7.59	18.65	28.59	81.64	91.28	99.14	98.40	99.10	100.62
C4	3.47	7.82	20.11	28.06	87.82	100.59	111.16	110.36	109.75	107.95
C5	4.50	6.02	10.93	20.20	85.98	102.59	115.66	114.53	113.71	110.97

表8-26 坡面泥石流灾害斜坡坡度权重降雨量计算表

斜坡坡度类别	坡面泥石流灾害发生前不同时段权重降雨量/mm									
	1h	3h	6h	12h	24h	36h	48h	72h	120h	168h
D1	3.38	17.08	28.49	59.74	70.81	67.57	66.15	65.00	66.50	66.81
D2	1.23	7.81	12.13	25.34	58.92	65.34	68.78	67.80	68.48	69.50
D3	1.36	8.74	15.88	53.31	97.48	92.25	93.74	92.52	93.07	93.596 31
D4	1.56	12.87	22.87	59.19	106.74	102.48	104.28	102.71	104.25	109.05
D5	1.83	14.78	25.01	64.08	124.30	120.51	123.50	121.52	122.21	122.88

表 8-27 坡面泥石流灾害植被类别权重降雨量计算表

植被类别	坡面泥石流灾害发生前不同时段权重降雨量/mm									
	1h	3h	6h	12h	24h	36h	48h	72h	120h	168h
G1	0.28	1.73	4.80	5.75	28.28	34.84	35.95	35.21	36.88	39.40
G2	0.31	1.53	3.99	5.32	23.82	28.80	29.79	29.23	30.46	32.27

表 8-28 坡面泥石流灾害致灾体高程因子权重降雨量计算表

致灾体高程类别	坡面泥石流灾害发生前不同时段权重降雨量/mm									
	1h	3h	6h	12h	24h	36h	48h	72h	120h	168h
F1	1.65	8.90	11.58	30.33	58.47	66.70	71.40	70.65	71.32	72.33
F2	3.16	15.90	16.99	43.07	76.15	85.22	86.33	84.82	85.38	86.21
F3	2.32	13.54	15.07	37.87	73.29	84.12	86.30	84.89	86.41	91.70
F4	2.40	16.30	19.67	46.28	87.73	103.86	107.73	105.84	106.51	107.55
F5	1.39	4.15	10.70	28.29	57.43	68.50	70.35	69.02	69.45	70.11

8.2.4 沟谷泥石流灾害的不同地质因子分类权重降雨量

1. 历史沟谷泥石流灾害地质因子分类下降雨量统计

筛选沟谷泥石流灾害发生前 1 个月内的雨量数据，分别计算不同因子分类的平均累计降雨量和各个时间段的总平均降雨量。以覆盖层厚度因子为例，表 8-29 列出了降雨量的计算值。

表 8-29 沟谷泥石流灾害覆盖层厚度降雨量统计

覆盖层厚度类别及总平均降雨量	沟谷泥石流灾害发生前不同时段累计降雨量/mm									
	1h	3h	6h	12h	24h	36h	48h	72h	120h	168h
D1	—	—	—	—	—	—	—	—	—	—
D2	34.36	62.54	117.72	141.35	164.77	173.75	173.87	173.87	173.89	173.89
D3	12.85	45.71	89.90	146.49	248.52	297.22	311.18	315.16	325.79	343.58
D4	6.10	34.14	65.29	115.00	261.62	303.74	319.98	323.50	333.01	370.66
D5	9.57	59.7	89.04	167.33	320.69	335.04	344.35	344.57	344.57	344.58
总平均降雨量/mm	12.39	44.90	86.13	140.69	250.67	294.08	307.55	311.03	320.30	340.40

2. 计算各地质因子的权重

采用标准离差法计算各沟谷泥石流地质因子的权重，具体计算过程可参考坡面泥石流地质因子的权重计算过程。计算出沟谷泥石流灾害类型的各地质因子权重值如表 8-30 所示。

第 8 章 地质灾害风险防范区降雨阈值研究

表 8-30 沟谷泥石流灾害地质因子权重计算值

地质因子及权值合计		沟谷泥石流发生前时间段										综合权重
		当天					前1天		前2天	前4天	前6天	
		1h	3h	6h	12h	24h	36h	48h	72h	120h	168h	
岩性	w_1	0.522	0.449	0.384	0.397	0.277	0.231	0.222	0.222	0.233	0.259	0.320
覆盖层厚度	w_2	0.038	0.102	0.118	0.080	0.090	0.107	0.110	0.106	0.091	0.047	0.089
相对高差	w_3	0.094	0.095	0.065	0.086	0.124	0.113	0.112	0.110	0.112	0.100	0.101
斜坡坡度	w_4	0.168	0.098	0.109	0.083	0.124	0.115	0.114	0.115	0.121	0.137	0.119
植被类型	w_5	0.015	0.024	0.037	0.020	0.086	0.084	0.085	0.083	0.081	0.059	0.057
致灾体高程	w_6	0.102	0.058	0.108	0.189	0.230	0.249	0.254	0.256	0.244	0.253	0.194
河沟纵坡坡度	w_7	0.053	0.090	0.143	0.137	0.064	0.075	0.074	0.076	0.080	0.094	0.089
流域面积	w_8	0.008	0.084	0.035	0.009	0.006	0.025	0.028	0.030	0.037	0.049	0.031
权值合计		1.000	1.000	1.000	1.000	1.000	1.000	1.000	1.000	1.000	1.000	1.000

表 8-30 的结果显示，沟谷泥石流灾害地质因子作用从大到小分别为岩性、致灾体高程、斜坡坡度、相对高差、覆盖层厚度、河沟纵坡坡度、植被类型和流域面积，其中岩性因子对宁波市沟谷泥石流灾害影响最大，说明风化的地层是泥石流的主要物源之一，对泥石流发生的控制作用大。当地层易遭受破坏时，其提供的松散物质也多，发生泥石流灾害的可能性更大；反之亦然。流域面积对沟谷泥石流灾害的影响最小。

3. 计算各地质因子类别的加权降雨量

以沟谷泥石流灾害类型各地质因子权重值为加权值，对各因子分类不同时间段的平均降雨量大小进行加权，作为每类地质因子下不同类别在不同前期时间段的权重降雨量，结果如表 8-31～表 8-38 所示。

表 8-31 沟谷泥石流灾害岩性权重降雨量计算表

岩性类别	沟谷泥石流灾害发生前不同时段权重降雨量/mm									
	1h	3h	6h	12h	24h	36h	48h	72h	120h	168h
A1	—	—	—	—	—	—	—	—	—	—
A2	3.41	17.66	28.22	58.10	88.01	83.54	85.16	86.10	94.56	114.18
A3	6.20	32.40	54.57	69.70	63.31	58.40	56.36	56.47	59.35	66.78
A4	5.57	15.156 42	32.18	46.33	49.15	54.66	54.25	55.64	58.56	66.03
A5	44.24	64.34	68.49	107.37	97.29	81.33	79.60	79.75	83.81	103.41
A6	2.157	3.72	3.47	9.56	10.45	12.85	12.40	12.42	13.53	16.74

表 8-32 沟谷泥石流灾害覆盖层厚度权重降雨量计算表

覆盖层厚度类别	沟谷泥石流灾害发生前不同时段权重降雨量/mm									
	1h	3h	6h	12h	24h	36h	48h	72h	120h	168h
B1	0.26	2.29	6.75	8.24	14.62	18.44	19.05	19.40	20.00	16.73
B2	0.48	4.39	9.59	11.05	23.21	32.87	35.48	34.59	30.48	16.44
B3	0.45	7.39	16.84	14.04	20.46	27.08	27.93	26.94	23.18	12.10
B4	—	—	—	—	—	—	—	—	—	—
B5	—	—	—	—	—	—	—	—	—	—

表 8-33 沟谷泥石流灾害相对高差权重降雨量计算表

相对高差类别	沟谷泥石流灾害发生前不同时段权重降雨量/mm									
	1h	3h	6h	12h	24h	36h	48h	72h	120h	168h
C1	—	—	—	—	—	—	—	—	—	—
C2	—	—	—	—	—	—	—	—	—	—
C3	0.77	3.88	4.76	11.62	29.99	28.71	29.10	29.13	31.67	35.07
C4	0.59	3.12	5.05	10.24	23.32	26.52	27.48	27.44	28.60	27.32
C5	2.10	5.96	6.67	14.82	42.48	44.26	46.29	45.71	47.68	43.47

表 8-34 沟谷泥石流灾害斜坡坡度权重降雨量计算表

斜坡坡度类别	沟谷泥石流灾害发生前不同时段权重降雨量/mm									
	1h	3h	6h	12h	24h	36h	48h	72h	120h	168h
D1	—	—	—	—	—	—	—	—	—	—
D2	5.77	6.13	12.82	11.68	20.50	20.03	19.86	20.05	21.12	23.90
D3	2.16	4.48	9.79	12.11	30.92	34.27	35.55	36.34	39.56	47.23
D4	1.02	3.35	7.11	9.50	32.55	35.02	36.55	37.30	40.44	50.95
D5	1.61	5.85	9.70	13.83	39.89	38.63	39.34	39.73	41.85	47.37

第 8 章 地质灾害风险防范区降雨阈值研究

表 8-35 沟谷泥石流灾害植被类型权重降雨量计算表

植被类别	沟谷泥石流灾害发生前不同时段权重降雨量/mm									
	1h	3h	6h	12h	24h	36h	48h	72h	120h	168h
G1	0.19	1.15	3.03	2.93	25.71	29.34	31.26	31.01	30.62	22.92
G2	0.18	0.95	3.45	2.46	14.17	16.61	17.10	17.20	17.75	15.44

表 8-36 沟谷泥石流灾害致灾体高程因子权重降雨量计算表

致灾体高程类别	沟谷泥石流灾害发生前不同时段权重降雨量/mm									
	1h	3h	6h	12h	24h	36h	48h	72h	120h	168h
F1	0.85	2.16	6.24	18.06	39.67	46.60	48.47	49.29	49.19	58.54
F2	1.54	2.99	11.23	32.07	66.81	88.97	95.02	96.93	92.50	98.03
F3	0.69	2.48	10.10	34.31	79.61	92.48	100.23	101.72	103.46	124.26
F4	0.42	1.99	7.74	17.55	79.16	110.28	123.07	124.69	118.90	123.51
F5	2.11	2.27	8.09	20.30	27.95	31.94	32.88	33.11	40.78	45.44

表 8-37 沟谷泥石流灾害河沟纵坡坡度权重降雨量计算表

河沟纵坡坡度类别	沟谷泥石流灾害发生前不同时段权重降雨量/mm									
	1h	3h	6h	12h	24h	36h	48h	72h	120h	168h
H1	—	—	—	—	—	—	—	—	—	—
H2	—	—	—	—	—	—	—	—	—	—
H3	0.16	1.51	2.95	7.92	11.08	14.03	14.20	14.58	15.78	18.53
H4	0.68	4.20	12.88	19.88	16.19	22.57	23.25	24.14	26.28	32.85

表 8-38 沟谷泥石流灾害流域面积权重降雨量计算表

流域面积类别	沟谷泥石流灾害发生前不同时段权重降雨量/mm									
	1h	3h	6h	12h	24h	36h	48h	72h	120h	168h
K1	0.09	3.54	2.99	1.29	1.44	7.47	8.84	9.64	12.07	17.19
K2	0.10	5.88	3.60	1.35	1.40	6.52	7.52	8.10	9.85	13.27
K3	—	—	—	—	—	—	—	—	—	—
K4	—	—	—	—	—	—	—	—	—	—

8.3 宁波市地质灾害风险防范区临界阈值计算

通过收集775处地质灾害风险防范区调查成果资料,明确每个地质灾害风险防范区可能演化的地质灾害类型,进而根据上述确定的权重因子体系对风险防范区进行相应因子组合。利用地质因子综合权重法对宁波市每一处地质灾害风险防范区进行降雨阈值计算,达到对每一处地质灾害风险防范区实时预警。本节选取了部分风险防范区,展示不同地质灾害类型风险防范区的降雨阈值计算过程(表8-39)。

表8-39 宁波市部分风险防范区地质灾害降雨阈值(24h)数据表　　单位:mm

风险防范区编号	h_{max}	h_{r0}	h_{r1}	h_r	h_{o1}	h_o	h_{y1}	h_y
330281FF0005	376.4	208.0	292.2	292.2	233.8	233.8	175.3	175.3
330281FF0010	336.3	223.5	265.5	265.5	212.4	212.4	159.3	159.3
330211FF0026	233.7	241.7	225.0	225.0	180.0	180.0	135.0	135.0
330203FF0009	404.8	232.9	300.9	300.9	240.7	240.7	180.5	180.5
330203FF0010	416.0	247.2	316.7	316.7	253.4	253.4	190.0	190.0
330226FF0003	294.1	288.9	273.1	245.8	218.5	196.6	163.9	147.5
330281FF0020	361.9	189.9	275.9	275.9	220.7	220.7	165.5	165.5
330225FF0001	270.8	182.6	226.7	226.7	181.4	181.4	136.0	136.0
330225FF0024	215.6	179.1	197.3	197.3	157.8	157.8	118.4	118.4
330283FF0002	343.2	192.1	267.6	240.9	214.1	192.7	160.6	144.5

8.4 宁波市风险防范区临界降雨阈值结果分析及修正

分析结果显示,在1h、3h临界降雨阈值普遍偏小,6~48h的数据更接近实际,因此以上研究结果更适合预测长时序的临界降雨阈值,而对短时降雨的临界阈值预测,结果偏小。究其原因有两个方面:①历史灾害发生时往往与前期降雨量存在关联,割裂前期降雨量单独分析灾害点的1h、3h短时降雨量,影响结果的准确性。②采用的同一类型灾害点每个时段的降雨量平均值作为该时段的代表降雨量,平均雨量值容易受个别灾害点的低雨量值影响,导致平均雨量值变小。

考虑到6h、12h、24h、48h时段计算的临界降雨阈值相对接近真实诱发雨量值,故以这4个时段的降雨阈值为依据,使用I-D(降雨强度-降雨持时)法拟合,外插出1h、3h的临界降雨阈值(图8-2,表8-40)。

第 8 章 地质灾害风险防范区降雨阈值研究

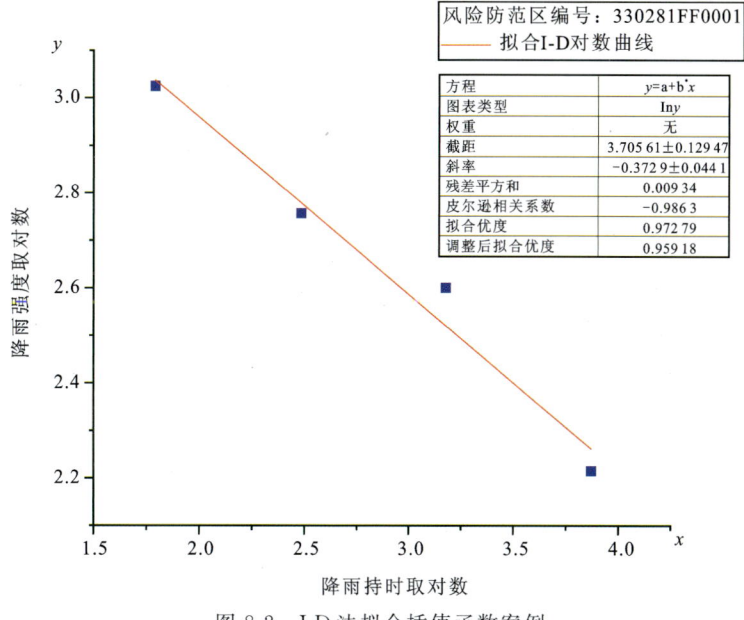

图 8-2　I-D 法拟合插值函数案例

此方法拟合出来的 1h、3h 临界降雨阈值与原始计算出来的 1h、3h 临界降雨阈值相比有较明显的增大，但较多数仍小于当前正在使用的临界降雨阈值。究其原因，问题主要出自使用的降雨数据样本值偏低。

在每个风险防范区的历史降雨量极大值前 10 的雨量值中，大多数的风险防范区没有发生过灾害，但也有潜在的灾害诱发性，因此我们合理地认为降雨量极大值前 10 的雨量平均值是相对安全却也值得预警的雨量值。尝试选用每个风险防范区历史降雨量极大值前 10 的雨量平均值作为新的降雨数据样本，使用地质因子综合权重法，计算出一套新的临界降雨阈值，作为最终的临界降雨阈值。部分结果参见表 8-41。

表 8-40 部分地质灾害风险防范区 24h 降雨预警阈值计算表

单位:mm

风险防范区编号	历史降雨量极大值 h_L	参考值·口	$H_{r理论}$	$H_{r调整}$	$H_{r原}$	$H_{o理论}$	$H_{o调整}$	$H_{o原}$	$H_{y理论}$	$H_{y调整}$
330281FF0005	376.4	208.0	292.2	292.2	320.5	233.8	233.8	256.2	175.3	175.3
330281FF0010	336.3	223.5	265.5	265.5	320.5	212.4	212.4	256.2	159.3	159.3
330211FF0026	233.7	241.7	225.0	225.0	374.4	180.0	180.0	301.4	135.0	135.0
330203FF0009	404.8	232.9	300.9	300.9	361.5	240.7	240.7	285.6	180.5	180.5
330203FF0010	416.0	247.2	316.7	316.7	361.5	253.4	253.4	285.6	190.0	190.0
330226FF0003	294.1	288.9	273.1	245.8	372.3	218.5	196.6	298.5	163.9	147.5
330281FF0020	361.9	189.9	275.9	275.9	320.5	220.7	220.7	256.2	165.5	165.5
330225FF0001	270.8	182.6	226.7	226.7	420.5	181.4	181.4	337	136.0	136.0
330225FF0024	215.6	179.1	197.3	197.3	391	157.8	157.8	313.4	118.4	118.4
330283FF0002	343.2	192.1	267.6	240.9	349	214.1	192.7	278.5	160.6	144.5
330283FF0010	184.2	179.7	181.9	163.8	349	145.5	131.0	278.5	109.1	98.2

第8章 地质灾害风险防范区降雨阈值研究

表 8-41 部分风险防范区计算临界阈值、I-D 修正阈值与原始阈值对比表

单位：mm

风险防范区编号	地质因子综合权重法（历史地质灾害点雨量资料） H_r						I-D法反推修正			原红色预警阈值				
	1h	3h	6h	12h	24h	48h	1h	3h	1h	3h	6h	12h	24h
330281FF0005	31.7	64.5	99.7	177.2	292.2	364.1	34.71	69.6	41.8	86.5	135.8	204.4	320.5
330281FF0010	29.5	53.7	95.6	174.3	265.5	316.8	37.5	70.9	41.8	86.5	135.8	204.4	320.5
330211FF0026	32.3	65.7	102.2	161.4	225.0	289.6	44.1	76.3	65.3	120.0	175.7	256.3	374.4
330203FF0009	32.1	60.9	95.9	187.5	300.9	370.5	33.30	68.2	65.1	120.0	175.8	246.4	361.5
330203FF0010	36.3	62.6	96.2	188.3	316.7	377.7	32.7	68.0	65.1	120.0	175.8	246.4	361.5
330226FF0003	57.7	75.6	102.8	162.4	245.8	277.1	46.0	78.7	70.9	126.2	181.5	259.8	372.3
330281FF0020	35.0	64.0	86.2	149.7	275.9	379.6	24.3	54.2	41.8	86.5	135.8	204.4	320.5
330225FF0001	36.7	81.2	105.5	151.4	226.7	269.5	47.5	79.1	69.1	128.6	191.0	283.2	420.5
330225FF0024	41.9	60.5	93.0	131.8	197.3	238.7	41.4	69.1	67.0	124.6	185.1	263.4	391.0
330283FF0002	41.5	69.3	109.3	169.0	240.9	307.4	46.9	81.1	47.4	95.8	149.7	224.0	349.0
330283FF0010	39.8	66.1	91.3	120.6	163.8	208.3	44.7	69.5	45.5	92.0	143.7	224.0	349.0

第 9 章　地质灾害风险防范区动态管理数字化应用

宁波市现有地质灾害风险防范区 775 处，突发性地质灾害易发区面积 5 132.7 km^2，地质环境条件复杂，暴雨及台风等极端天气频发，人类工程活动逐渐增加，地质灾害仍将呈易发、多发态势，有效防范化解重大地质安全风险的任务依然艰巨，形势严峻、复杂。"十四五"期间，宁波市拟以地质灾害"整体智治"三年行动为抓手，建立"一图一网、一单一码，科学防控、整体智治"地质灾害风险防控新机制，构建分区分责分类分级地质灾害风险管理新体系，形成"即时感知、科学决策、精准服务、高效运行、智能监管"的地质灾害防治新格局，为此宁波市自然资源和规划局开发了地质灾害防御场景数字化动态管理平台和宁波市"地灾智防"App，全面实现地质灾害风险防范区管理信息化、预警预报自动化、共享化。本章将详细介绍地质灾害防御场景数字化动态管理平台和宁波"地灾智防"App 的管理功能。

9.1　地质灾害防御场景数字化动态管理平台

9.1.1　平台总体架构

地质灾害防御场景数字化动态管理平台采用"分布集成、统一管理、集中服务"的总体架构模式，基于分布式多层地质环境监测数据采集与集成技术框架。该系统的总体架构如图 9-1 所示。

（1）运行支撑层。基于浙江省统一的政务网络体系（政务外网、政务内网、政务视联网、政务感知网、物联网等），综合考虑现有的地质灾害风险监测情况，满足不同密级数据和场景应用需求。

（2）数据资源层。主要包括业务数据库和空间数据库两个部分，其中业务数据库包含地灾调查数据、预警预报数据、专业监测数据、防御动态数据、值班值守数据、后台管理数据，空间数据库包含基础地理数据、数字高程数据、遥感影像数据、基础地质数据、水文地质数据、工程地质数据。

（3）服务层。宁波市地质灾害防御场景底层主要由专业监测、预警预报、共享服务模块等提供基础的业务支撑服务，且各业务支撑服务平台之间通过完全解耦的方式提高业务平台的可伸缩性、可扩展性。业务模块可通过对基础业务支撑服务的封装，对外部提供 WebAPI 服务、功能组件以及第三方 API，便于业务平台内部进行功能扩展、第三方应用进行数据服务调用。

第 9 章 地质灾害风险防范区动态管理数字化应用

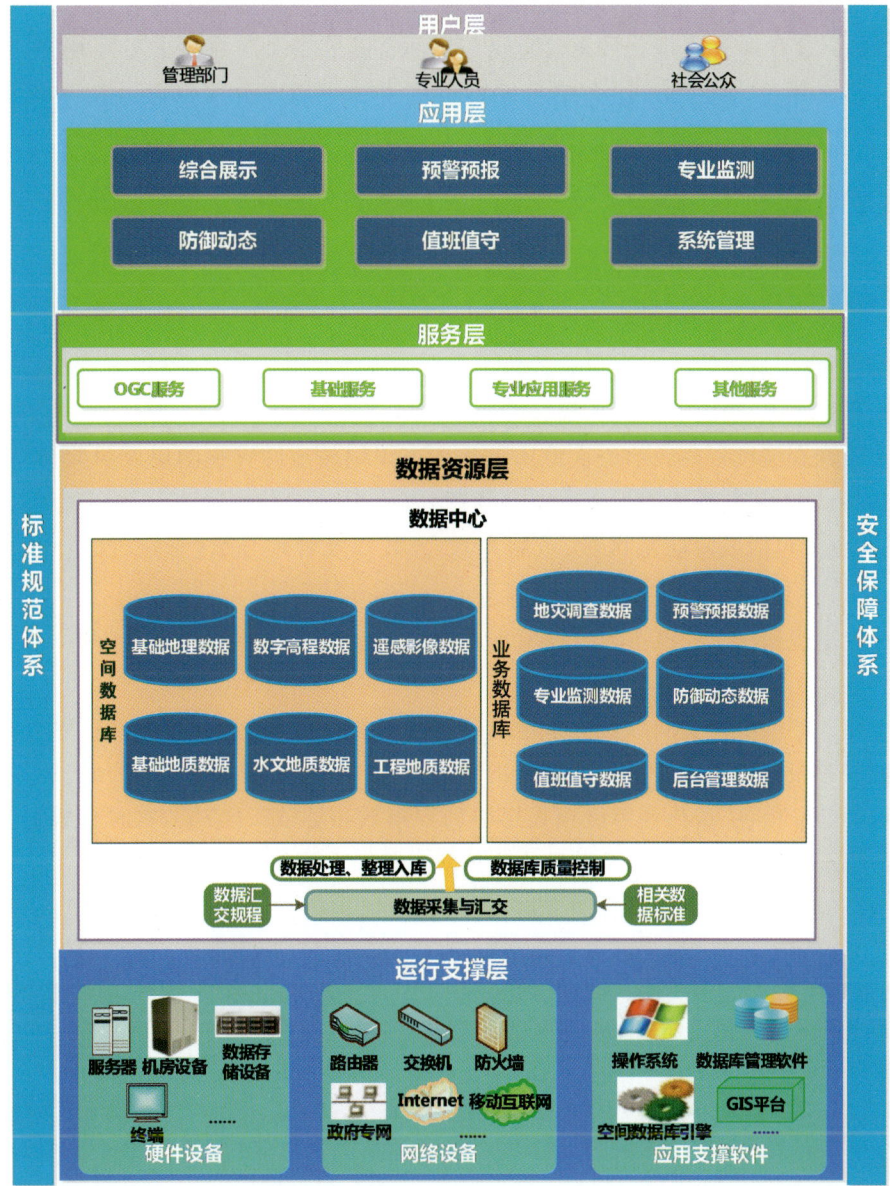

图 9-1 地质灾害防御场景数字化动态管理平台系统总体架构

(4) 应用层。以 Web 界面形式将业务功能进行可视化展示并提供相应的业务功能操作，提供基于 Web 技术实现的数据检索、空间与数据可视化、数据分析等功能，平台具备综合展示、预警预报、专业监测、防御动态、值班值守、系统管理等功能。

(5) 用户层。展示建设面向的用户主要对接"浙政钉"体系，初步分为管理部门、专业人员和社会公众等。管理部门包括宁波市自然资源和规划局、应急管理局、气象局、水利局，以及"三防"、地震、公路等部门，主要是可以直接访问本业务应用系统的专业用户以及希望获取本系统业务数据的用户；专业人员根据自然资源规划体系内部的组织划分包括宁波市自然资源和规划局领导、市自然资源生态修复和海洋管理服务中心专业人员、市（县、区）级专业人员；

社会公众主要包括科研院所、高等院校的科研人员以及普通的公众。此外,系统的用户还包括数据管理员、系统管理员等。数据管理员用户大部分来自本节点内的专业用户,也可以来自市本级、市县级的专业用户。系统管理员负责对系统用户分配权限并对系统日志进行维护。

9.1.2 功能展示

1. 综合展示

综合页面集中展示宁波市地质灾害防治重点关注的业务信息,包括地灾调查、巡查上报、专业监测、预警预报、地图展示五大模块(图9-2)。

(1)地灾调查模块主要展示历次地质灾害调查识别的地质灾害隐患及风险防范区信息,为地质灾害管理的基础数据库。地质灾害隐患主要包括历史核销隐患点数和现存隐患点数;风险防范区主要包括风险防范区数、威胁户数/人数以及管理分级(重点、次重点、一般防范区)个数。

(2)巡查上报模块主要展示通过地质灾害专家队伍巡排查确认的发生地质灾害灾险情起数/人数。

(3)专业监测模块主要展示目前布置地质灾害专业监测点的监测预警信息数。

(4)预警预报模块主要展示当前最新的地质灾害等级预报结果和实时预警结果,等级预报结果包括红色、橙色、黄色各等级预报影响的乡镇数和县(市、区)数,实时预警结果包括各县(市、区)当前最高预警等级以及其影响的风险防范区个数和人数。

(5)地图展示模块主要集成各类专题图数据,主要包括台风路径、风险防范区分布、等级预报结果、实时预警结果、前一小时累计雨量、易发分区图等。

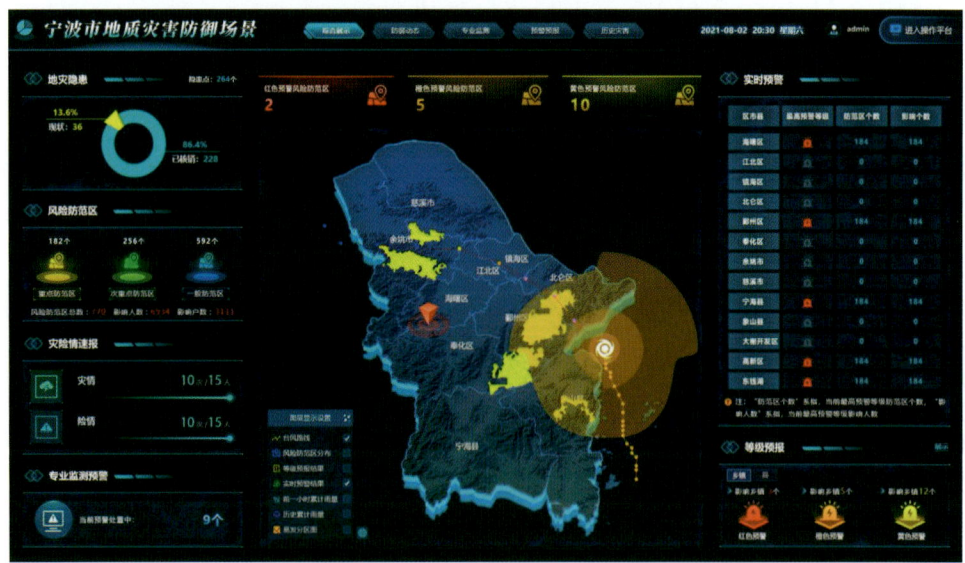

图9-2 宁波市地质灾害防御场景系统综合展示功能

2. 地质灾害防御动态管理功能

该平台的第二大地质灾害管理功能主要包括3个方面：一是展示历次宁波市政府在地质灾害防御动态中的相关工作动态，包括本轮防御部署情况、响应等级、响应启动时间、响应持续时间、防御对象、防御通知发布次数、市局下沉督导组次；二是对本轮预警预报工作和巡查上报工作进行汇总，统计自应急响应启动时间至今的等级预报次数、实时预警次数、风险提示单数、会商次数、短信发送次数、应急叫应次数、巡查点数、巡查次数、驻县进乡人数；三是支持在线预览灾险情速报、防御动态PPT（演示文稿）、会商报告等各类防御动态文档资料（图9-3）。

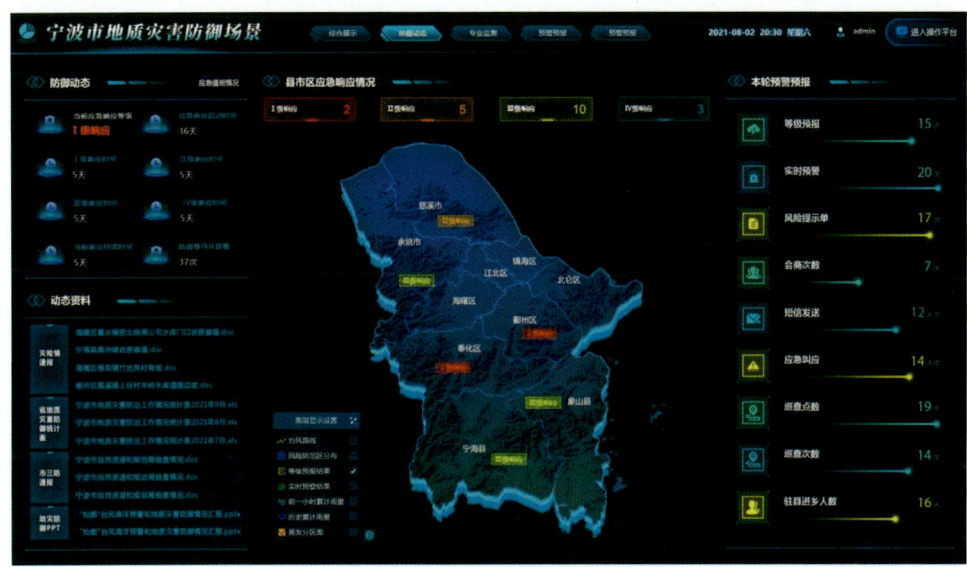

图9-3 地质灾害防御动态管理功能

3. 地质灾害专业监测展示功能

地质灾害专业监测展示功能主要为清晰展示宁波市地质灾害专业监测点分布及预警预报情况，主要包括地质灾害专业监测点分布、监测设备、预警消息、变形量排名、地图五大模块（图9-4）。

(1) 监测点分布模块显示宁波市布置的地灾害专业监测点的分布情况。

(2) 监测设备模块主要展示专业监测设备总数、正常/异常设备数、在线率，以及分设备类型统计结果，以饼图的方式展示各类监测设备的占比情况。

(3) 预警消息模块展示当前最新的各专业监测点发布的专业监测预警消息及各预警等级的信息数。

(4) 变形量排名模块显示设备实时变形量排名，方便重点关注变形量较大的设备。

(5) 地图模块主要展示监测点分布图和实时预警监测点分布图，并用红色、橙色、黄色3类图标进行分类标注。

图 9-4　地质灾害专业监测功能

4. 地质灾害预警预报展示功能

地质灾害预警预报展示功能主要展示通过气象预警预报模型进行实时预警预报的结果，主要包括地质灾害等级预报、实时预警、地图三大模块（图 9-5），同时实现在线查看历史预警预报会商研判过程的 PPT 成果，辅助决策分析。

图 9-5　地质灾害预警预报功能

（1）地质灾害等级预报模型主要展示当前最新等级预报结果，包括各等级预报个数、影响乡镇个数、影响防范区个数、影响面积（km²），同时按照县（市、区）统计各等级预报影响的乡镇个数。

(2)地质灾害实时预警模型展示当前最新实时预警结果,包括全省预警防范区个数、影响户数、影响人数、涉及县(市、区),同时按照降雨强度对预警风险防范区进行排名,重点关注降雨强度大的风险防范区。

(3)地图模型主要展示宁波市预报雨量图、实况雨量图(前1小时、前3小时、前6小时、前12小时、前24小时、前48小时、前3天、前5天、前7天)、等级预报结果、实时预警防范区分布图。

5. 地质灾害历史展示功能

地质灾害历史展示功能主要按照年度、月度、典型台风等条件对历史灾害进行统计分析和复盘总结,展示页面分为灾情速报统计分析和地图两大模块(图9-6)。

(1)灾情速报统计分析模块是统计地质灾害防御期间各受灾区域上报的灾险情速报,包括灾情起数、受灾人口、经济损失(万元)。

(2)地图模块显示分两种类型,其中统计类型选择台风的场合,主要以地图的方式动态展示台风的运动路径、威胁区域,以及灾害防御期间发生、上报的灾险情;选择其他统计类型时,地图上按照县(市、区)标注灾害数量并可放大展示灾害点的分布情况。

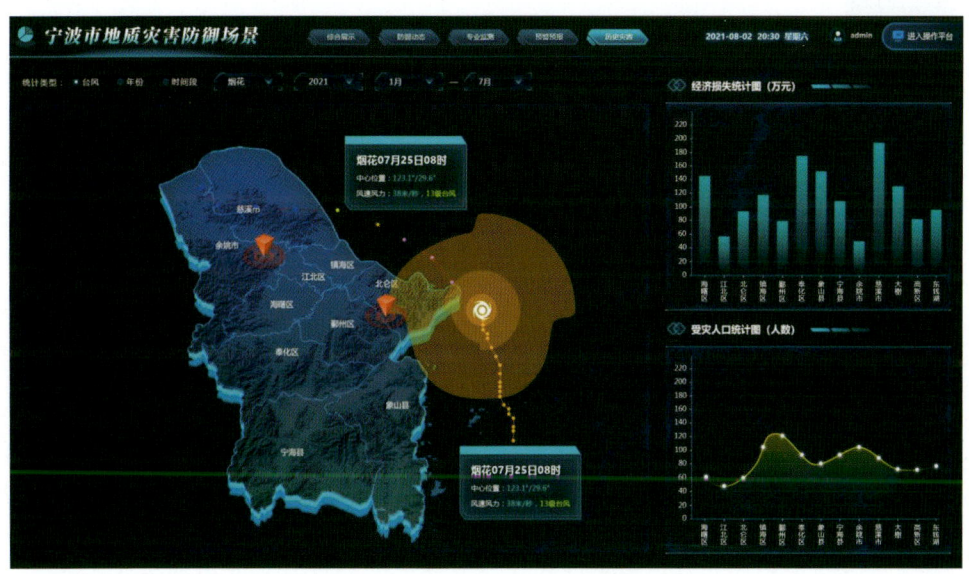

图9-6 地质灾害历史展示功能界面

9.1.3 功能操作平台

功能操作平台主要提供服务功能,实现地质灾害防治的管理,主要包括基础数据管理、专业监测、气象预警预报、防御动态、值班值守、综合治理、文件资料、用户管理等(图9-7)。

1. 基础数据管理

基础数据管理主要包括地质灾害隐患点、地质灾害风险防范区、切坡建房、历史台风案例4类数据库。

图 9-7 功能操作平台展示界面

1)地质灾害隐患点数据库管理

地质灾害隐患点数据库以列表方式展示地质灾害隐患点数据,列表部分展示地质灾害隐患点基本信息,包括统一编号、名称、威胁户数、威胁人口、威胁财产等,并且可以根据地区、名称、统一编号等条件进行快速搜索,清晰展示地质灾害隐患点详细信息,包括灾害规模、险情等级及防治措施等(图 9-8)。

图 9-8 地质灾害隐患点数据库展示界面

2)地质灾害风险防范区数据库管理

地质灾害风险防范区数据库主要包括地质灾害风险防范区致灾体数据库和承灾体数据库两部分。地质灾害风险防范区数据库是以列表和地图两种方式展示地质灾害风险防范区数据,实现在线生成风险防范区二维码。

(1)地质灾害风险防范区致灾体数据库。①地质灾害风险防范区致灾体列表一部分展示风险防范区基本信息,包括名称、所在县(区)、编号、防范类型、受影响户数、受影响人数、受影响财产、稳定性、风险等级及防范等级等市,另一部分展示风险防范区对应的县局分管领导姓名及联系电话、自然资源部门责任人姓名及联系电话、群测群防(网格)员姓名及联系电话(图 9-9);②地图上以图标的形式标注风险防范区的地理位置以及防范区域,点击图标后弹出对应的基本信息(图 9-10);③实现风险防范区二维码的在线生成和下载,通过移动设备"扫一扫"功能,即可查看风险防范区详情信息。

第 9 章 地质灾害风险防范区动态管理数字化应用

图 9-9　地质灾害风险防范区列表展示界面

图 9-10　地质灾害风险防范区地图展示界面

(2)地质灾害风险防范区承灾体数据库。地质灾害风险防范区承灾体数据库是以列表方式展示地质灾害风险防范区承灾体数据。列表部分展示风险防范区承灾体基本信息,包括户数、姓名、所在县(市、区)、地址、联系电话、风险防范区编号、常住人口、户籍人口(图 9-11),并且可以根据地区、风险防范区名称等条件进行快速搜索。

3)切坡建房数据库管理

切坡建房数据库是以列表方式展示切坡建房数据。列表部分展示切坡建房基本信息,包括户主姓名、切坡基本情况、常住人口、房屋结构、房屋层数(图 9-12),并且可以根据地区、户主姓名、统一编号、地理位置等条件进行快速搜索。

图 9-11　地质灾害风险防范区承灾体列表展示界面

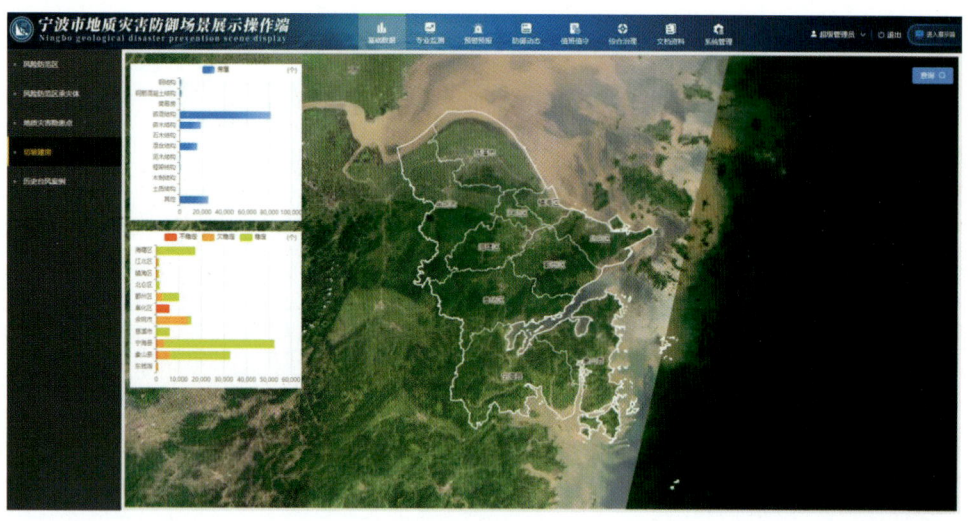

图 9-12　切坡建房基本信息展示界面

4)历史台风案例数据库管理

历史台风案例数据库主要对历史台风造成的地质灾害进行统计分析和复盘总结,包括灾情速报统计分析和地图两块主要功能模块,同时可实现历史台风的搜索。

(1)灾情速报统计分析模块是统计台风防御期间各受灾区域上报的灾险情速报情况,包括灾情起数、受灾人口、经济损失(万元)。

(2)地图模块包括两种显示类型,主要以地图的方式动态展示台风的运动路径、威胁区域,以及台风防御期间发生、上报的地质灾害(图 9-13)。

第9章 地质灾害风险防范区动态管理数字化应用

图 9-13　历史台风案例展示界面

2. 专业监测

专业监测功能主要包括监测一张图、专业监测点、监测设备管理、历史预警信息 4 个方面，以实现对地质灾害专业监测点的管理及预警预报。

1）监测一张图

地质灾害专业监测一张图主要集中展示县（市、区）监测点统计、监测预警消息、设备分类统计等监测预警系统重点关注的业务信息（图 9-14），提供一站式查询统计服务，层层递进实现从统计图到地图分布再到详情信息，能满足大部分场景数据查看的需求。

图 9-14　专业监测一张图展示界面

2）监测设备管理

监测设备管理模块主要实现对已经接入浙江省专业监测平台的监测设备基本信息的管理查看。展示的设备信息包括设备名称、设备类型、地理位置、承建厂家等，同时支持以可视化的方式实时动态地展示监测曲线数据，以便于用户了解监测点的变形趋势（图9-15）。

图 9-15　设备管理列表展示界面

3）历史预警信息

历史预警信息模块实时接收浙江省专业监测平台发布的宁波市专业监测点预警信息，并通过页面展示预警时间、预警等级、预警点名称、地理位置等（图9-16），同时可选择预警时间、行政区划、灾害类型、预警等级、监测点名称进行查询。

图 9-16　历史预警消息列表展示界面

第 9 章　地质灾害风险防范区动态管理数字化应用

4）历史预警短信

历史预警短信模块主要将浙江省专业监测平台发布的宁波市专业监测预警信息及时发送给地质灾害管理相关负责人（图 9-17）。

（1）短信发送策略。针对同一次预警会发送两次预警短信给相关责任人，第一次是预警信息产生时，第二次是预警信息处置完成或者自动结束时。

（2）短信接收对象为市自然资源和规划局相关领导、地矿处负责人、地质环境监测中心业务科室负责人以及监测点所在辖区县自然资源和规划局负责人。

（3）可以根据短信发送时间、接收对象等条件实现对预警短信进行快速查询。

图 9-17　历史预警短信列表展示界面

3. 气象预警预报

1）等级预报

（1）常规预报。常规预报是采用省级地质灾害预报模型预报未来 24h 地质灾害可能发生区域。此功能分为预报分析、专家辅助、结果分析、成果发布、信息统计五大功能，业务流程和功能概况如图 9-18 所示。

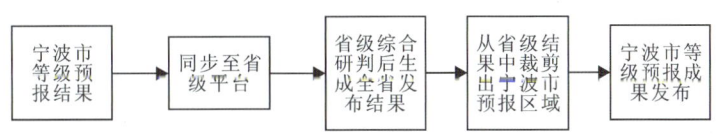

图 9-18　常规预报流程图

（2）历史预警预报成果管理。历史预警预报成果管理支持按照时间段查询历史等级预报成果，查询到的预报成果以列表形式展示（图 9-19）。点击"查看"链接可以查看某条历史预报信息，包括预报时间、等级预报模型、参数、预报状态、分析结果、成果文件导出等。

图 9-19　历史预警预报成果管理展示界面

(3)站点实况雨量。站点实况雨量功能支持按时间与时次查询站点类型实况、格点类型实况雨量数据,并在地图上生成实况等值面雨量图(图 9-20),可为业务人员调整预警区提供参考依据。

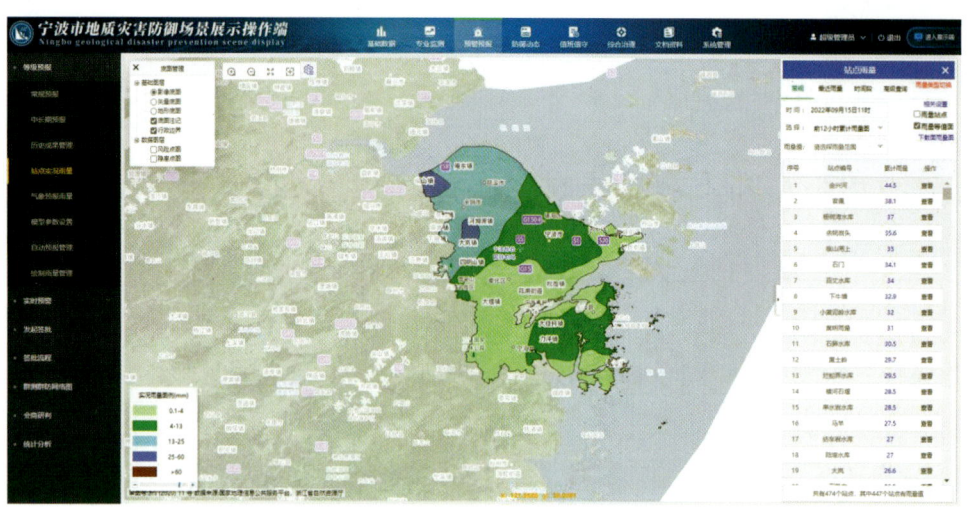

图 9-20　站点实况雨量展示界面

(4)气象预报雨量。气象预报雨量功能支持按时间、时次查询格点预报雨量,并在地图上生成预报等值面雨量图,可为业务人员调整预警区提供参考依据。

(5)模型参数设置。模型参数管理支持对常规预报模型的预算参数进行修改,并提供参考配置方案(图 9-21)。

(6)自动预报任务管理。自动预报任务管理主要实现对等级预报自动预报任务的管理,包括预报时间段、预报模型、执行时间、任务名称等。系统内可以自定义预报时间段,设置每天执行自动预报任务的时间,并且可以根据预报工作需要开启或者暂停对应的自动预报任务(图 9-22)。

图 9-21 模型参数设置界面

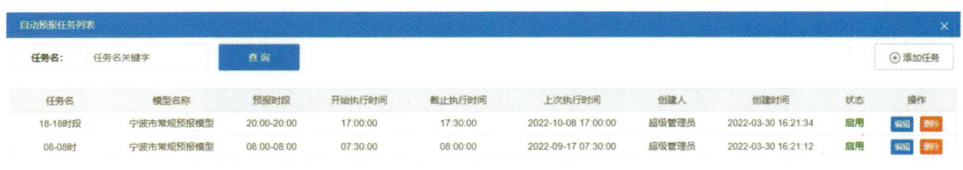

图 9-22 自动预报管理界面

(7)绘制雨量管理。绘制雨量管理是以行政区划地图为基础,进行区域预报雨量的手动绘制并设置雨量值,为长时间段(一般是未来 2~3d)的等级预报提供预报雨量数据支持。系统内提供了多种方式进行预报雨量的绘制,包括手动绘制、拉框选择、点击选择等,可方便用户快速进行预报雨量的新增、编辑和删除等操作。

2)实时预警

实时预警主要根据设置的降雨阈值进行实时预警预报,分为实时预警、风险防范区实时降雨、阈值设置、模型参数设置和应急叫应五大功能。

(1)实时预警。①根据设置的降雨阈值实时计算预警结果,对达到预警阈值的预警在系统内提示发布,提示方式为地图上预警图标闪烁,且针对不同级别的预警,图标会显示不同颜色(图 9-23、图 9-24);②预警点可以查看防范区详细信息以及阈值设置的情况,便于用户进行综合研判;③实时预警时效性为 12h,超过 12h 后预警等级自动降一级。

(2)风险防范区实时降雨。风险防范区实时降雨展示当前各防范区前 1 小时、前 3 小时、

图 9-23　实时预警（市级）展示界面

图 9-24　实时预警（县级）展示界面

前6小时、前12小时、前24小时累计降雨情况，对超过实时预警等级的风险防范区进行动态标注，同时点击单个风险防范区详情可以查看该风险防范区历史降雨情况（图9-25）。

（3）阈值设置。阈值设置实现对风险防范区各级别的实时预警阈值设置，包括红色预警对应的1小时、3小时、6小时、12小时、24小时、48小时、3天、5天、7天降雨量值，橙色预警对应的1小时、3小时、6小时、12小时、24小时、48小时、3天、5天、7天降雨量值，黄色预警对应的1小时、3小时、6小时、12小时、24小时、48小时、3天、5天、7天降雨量值，为实时预警的判别提供判据支撑（图9-26）。

（4）应急叫应。应急叫应功能是针对发生红色预警的风险防范区第一时间通过语音电话方式通知所在县级地矿科长、县级地矿分管局长，通知内容为"当前××红色预警风险防范区×处，请及时做好防范应对"。

第9章 地质灾害风险防范区动态管理数字化应用

图 9-25 风险防范区实时降雨列表展示界面

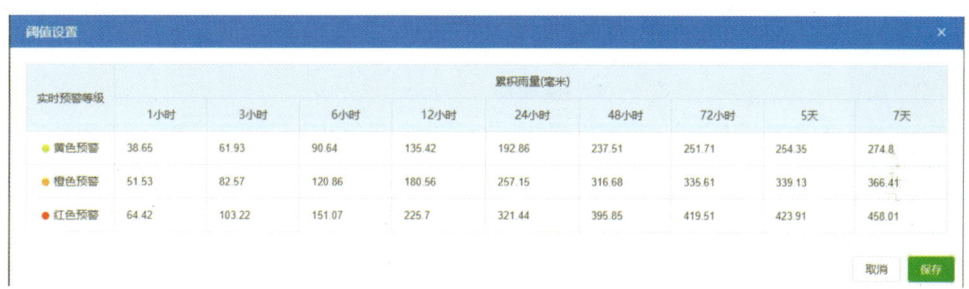

图 9-26 阈值设置界面

3）签批流程

签批流程是实现等级预报图、会商报告、地质灾害防御 PPT 的在线签批。它分为两类视图：一类是签批领导视图，该页面会展示所有待签批的文件，可以查看和签批，驳回的文件可以填写驳回意见，方便发起签批的人进行相应的修改；另一类是发起签批人视图，该页面可以查看签批状态，对于长时间未签批的文件可以提醒领导进行签批。

4）群测群防网络图

群测群防网络图是以列表方式展示宁波市群测群防网络图信息，列表展示内容包括宁波市本级、县（市、区）、乡镇多级群测群防责任人，以及各风险防范区的威胁对象和群测群防员（图 9-27）。可以在系统内新增、修改、删除相关人员姓名和联系电话信息，并且支持以 Word 和 Excel 形式导出群测群防网络图。

5）会商研判

会商研判是对历次会商研判过程的成果文档进行管理，包括预警图、会商报告、风险提示单、PPT、短信等（图 9-28），支持在系统内进行上传、下载，同时可以根据文件类型、关键字等进行快速查找。

图 9-27　群测群防网络图展示界面

图 9-28　会商研判文件列表展示界面

6) 统计分析

统计分析主要分为两类：等级预报结果的影响情况和实时预警结果的影响情况（图 9-29）。

(1) 实现等级预报结果的影响情况统计分析，支持根据指定日期统计各县（市、区）范围内红色、橙色、黄色预报涉及的乡镇个数、影响防范区个数、影响户数、影响人数、影响面积（km^2），同时可以对统计结果进行归档导出。

(2) 实现实时预警结果的影响情况统计分析，支持根据指定时间统计各县（市、区）范围内红色、橙色、黄色预警的风险防范区个数、影响户数、影响人数，同时可以对统计结果进行归档导出。

第9章 地质灾害风险防范区动态管理数字化应用

图 9-29 统计分析结果展示界面

4. 防御动态

防御动态主要实施汛期的应急响应措施，包括防御工作响应、防御部署、防御通知、督导排查检查、应急调查、灾险情速报、基层网络员巡查记录、省地质灾害防御统计表、地质灾害周报、地质灾害月报等。

1) 防御应急响应

防御应急响应是根据地质灾害应急防治的需求，针对突发的地质灾害应急事件，市本级和县（市、区）用户可以在系统内启动应急响应，响应结束时，可以在页面上结束应急响应操作。应急响应记录的相关信息包括应急事件名称、行政区划、响应等级、启动时间、持续天数、结束时间、相关附件。

此功能支持列表和统计图两种方式查看历史应急响应信息。列表页面可以根据时间和应急事件名称查询历史应急响应记录。统计图可按照市本级和县（市、区）统计指定时间段内各等级应急响应启动次数，方便对历史地质灾害应急情况进行复盘（图9-30）。

2) 防御部署

防御部署是按照市本级和县（市、区）对地质灾害防御过程中做的防御部署工作进行分级管理，包括防御部署会议召开时间、会议名称、会议地点、发起单位、主要领导、防御对象、参会人数、会议形成的防御部署内容附件。

此功能支持列表和统计图两种方式查看历史防御部署情况。列表页面可以进行新增编辑，同时支持根据时间、应急事件名称和关键字查询等操作。统计图是按照市本级和县（市、区）统计指定时间段内防御部署次数（图9-31）。

3) 防御通知

防御通知是按照市本级和县（市、区）对地质灾害防御过程中发布的防御通知进行分级管理，包括通知发布时间、通知名称、通知内容等。

图 9-30 应急响应展示界面

图 9-31 防御部署展示界面

此功能支持列表和统计图两种方式查看历史防御通知发布情况。列表页面可以进行新增编辑,同时支持根据时间、应急事件名称和关键字查询等操作。统计图是按照市本级和县(市、区)统计指定时间段内防御通知来发布的(图 9-32)。

4)督导排查检查

督导排查检查是按照市本级和县(市、区)对地质灾害防御过程中的督导排查检查工作进行分级管理,包括工作类型、带队人、参加人数、风险防范区个数、情况描述、工作要求、整改人、整改情况等,可以在线通过短信方式提醒整改人进行整改情况的填报。

此功能支持列表和统计图两种方式查看督导排查检查工作情况。列表页面可以进行新增编辑,同时支持根据时间、应急事件名称和关键字查询等操作。统计图是按照市本级和县(市、区)统计指定时间段内督导排查检查工作情况(图 9-33)。

图 9-32　防御通知展示界面

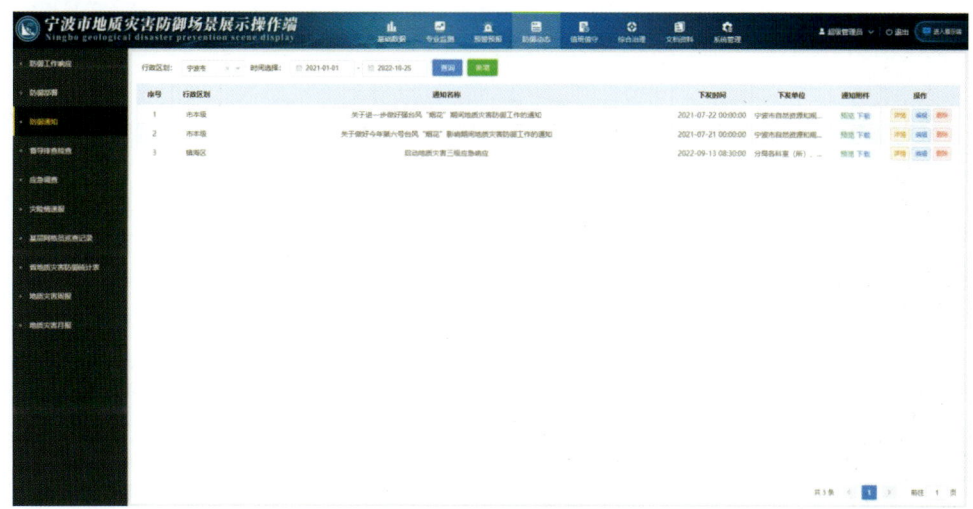

图 9-33　督导排查检查展示界面

5）应急调查

应急调查主要实现应急调查信息的管理，包括县（市、区）、乡镇、具体位置、发生（上报）时间、经纬度、规模、灾害类型、是否为风险防范区、影响因素、危害程度、威胁对象、已采取措施等字段（图 9-34）。可以在系统内进行新增、编辑、删除，以及上传、下载典型照片和调查报告附件等操作，并且系统支持根据行政区划、发生时间、风险防范区名称等关键字段进行快速查找。

6）灾险情速报

灾险情速报是实时读取浙江省平台宁波市灾险情速报数据进行展示，展示方式包括列表和统计表两种。列表信息包括名称和类型、规模、发生时间、伤（人）/亡（人）、直接经济损失（万元）、毁房（间）、毁田（亩）、威胁人口（户/人）、威胁财产（万元）（图 9-35），统计表是按（县、市）区进行汇总统计（图 9-36）。

图 9-34 应急调查展示界面

图 9-35 灾险情速报展示界面

7)巡查记录

巡查记录是以列表方式展示巡查记录数据,列表部分展示信息包括风险防范区名称、所在区(县)、所在乡镇、巡查开始时间、巡查结束时间、巡查人员、是否变形。可以根据地区、风险防范区名称、巡查时间、地理位置等条件进行快速搜索。

8)省地质灾害防御统计表

省地质灾害防御统计表支持 Excel 表格的导入,并可按照上传模板提取表格中的记录数据,包括填报单位,统计时间段,县(市、区),等级预报发布预报(次),发送短信(条),应急响应当前级别、最高级别,驻县进乡人数,风险防范区检查组数、人数,灾险情上报起数,人员伤亡失踪数,应急调查组数、人数、点数等信息,同时支持根据时间段和关键字进行快速查找。

第9章 地质灾害风险防范区动态管理数字化应用

图9-36 灾险情统计展示界面

9）地质灾害周报

地质灾害周报实现对地质灾害防治周报文件的管理，可以在系统内上传、下载，同时支持根据上传时间和关键字进行快速查找。

10）地质灾害月报

地质灾害月报实现对地质灾害防治月报文件的管理，可以在系统内上传、下载，同时支持根据上传时间和关键字进行快速查找。

5. 值班值守

值班值守主要实施地质灾害防御期间工作人员及地质灾害排查专家工作动态管理，包括值班工作台、值班人员管理、排班管理、值班记录管理、重要事项记录、电话抽查、值班室电话、值班流程管理等（图9-37）。

1）值班工作台

值班工作台是辅助值班人员完成每日的值班工作。页面按照规定的值班流程，展示每天各时间段应完成的工作事项，未完成的工作标记为"未完成"，已完成的工作标记为"已完成"，能有效提醒值班人员在规定时间内完成对应的工作事项，同时支持对值班过程规定外的随机事项进行记录，对于值班过程中的重要事项可以标记为"重要事项"，方便对历史值班情况的查看。

2）值班人员管理

值班人员管理实现值班人员信息的管理，包括人员姓名、联系方式、行政区划、单位、科室、值班角色。可以在系统内进行值班人员的新增、编辑、删除以及对值班人员赋予值班角色等操作。值班角色分为带班领导、综合值班人员、预警预报值班人员、驻县进乡地质队员、后勤保障人员。

图 9-37 值班值守展示界面

3)排班管理

(1)值班组管理。值班组管理是按照历史排班情况预先编制值班组,编制排班时实现快速排班。通常值班组包括带班领导 1 名、值班人员 2 名、驻县进乡地质队员 1 名,可以在系统内进行值班组的新增、编辑、删除操作。

(2)编制排班表。编制排班表主要实现各种类型值班表的在线编制,包括预警预报组值班、综合值班组值班、后勤保障组值班、进驻市政府领导值班(图 9-38)。可以在系统内指定需要排班的时间段,分别对每天进行排班,通过操作栏选择预先编制的值班组可以实现快速排班。

图 9-38 编制排班表展示界面

(3)排班查询。排班查询是实现对历史排班情况的查询,可以通过值班类型、值班时间、值班人员姓名等条件进行快速查询,同时支持对值班表的下载。

(4)调班管理。调班管理是实现对已编制值班表的调整,点击值班表中指定日期需要调班的人员,可查看当前可进行调班的同类值班人员,选择好后即完成调班操作,系统根据调班后的人员重新生成新的值班表。

4)值班记录管理

值班记录管理主要实现对历史值班记录的查询,可以通过值班时间、关键字等条件进行快速查询,同时支持对值班记录的下载。

5)重要事项记录

重要事项记录主要实现对历史重要事项记录的查询,可以通过值班时间、关键字等条件进行快速查询,同时支持对重要事项记录的下载。

6)抽查督查

抽查督查实现地质灾害防治工作抽查情况的记录,包括抽查时间、抽查地点、抽查对象、姓名、联系方式、抽查主要情况、备注等信息(图9-39)。可以在系统内进行新增、编辑、删除等操作,并且可以根据行政区划、人员姓名、风险防范区名称等关键字实现快速查找和下载导出。

图9-39 抽查督查展示界面

6. 综合治理

综合治理功能主要管理对地质灾害实施的工程治理及搬迁避让项目。

1)搬迁避让项目

搬迁避让项目是以列表方式展示搬迁避让项目数据,主要包括项目名称、项目编号、所在市、所在区(县)、所在乡镇、详细地址、隐患点编号、项目状态、下发计划年份等信息,点击单个项目详情链接可以查看搬迁避让项目详情信息以及相关实施过程附件。

2)工程治理项目

工程治理项目是以列表方式展示工程治理项目数据,列表信息包括项目名称、项目编号、所在市、所在区(县)、所在乡镇、详细地址、隐患点编号、项目状态、下发计划年份等信息

(图 9-40)，点击单个项目详情链接可以查看工程治理项目详情信息以及相关实施过程附件。

图 9-40 工程治理项目展示界面

7. 文件资料

文件资料即实现对宁波市地质灾害防治相关文件的管理，包括浙江省整体智治类文件、宁波市本级文件以及各县（区、市）文件、地质灾害防治相关标准规范（自然资源部标准规范、浙江省标准规范以及宁波市标准规范）（图 9-41）。构建标准规范库电子文件库功能，可以在系统内进行文件的上传、下载，对于常规格式文件可以实现在线预览，同时可以根据文件名称、文件类型、上传时间实现快速检索。

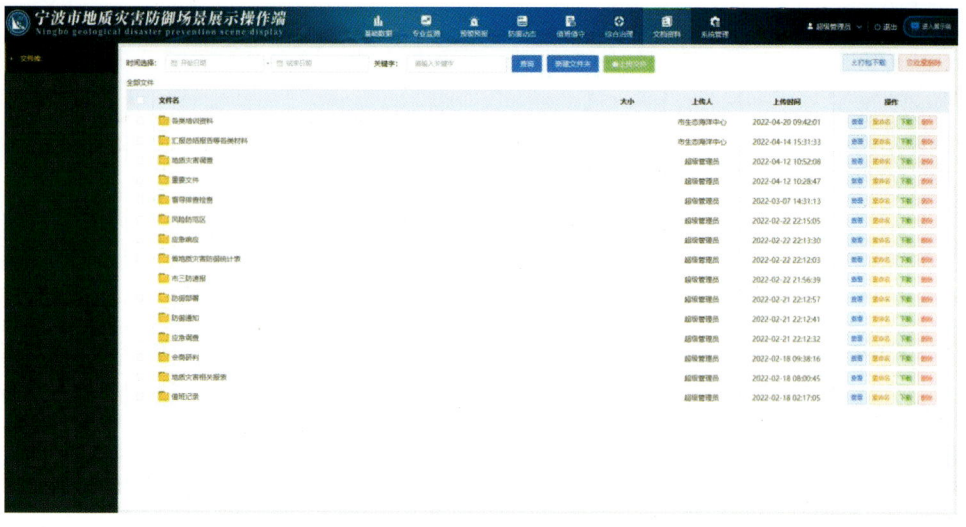

图 9-41 文件库展示界面

8. 系统管理

系统管理主要实现对登录系统用户及系统日志的管理，包括用户管理、角色管理、日志管理三大功能。

1）用户管理

用户管理模块主要为系统提供对操作系统用户管理的一个平台，实现对系统组织机构联系人及用户的综合管理。本模块可实现用户信息查询、编辑、删除、添加、密码初始化、角色分配等功能，主要包括个人信息管理维护和系统管理维护两个部分的内容。

（1）个人信息管理维护。主要是支持用户修改自己的用户信息，包括用户名、密码等信息。

（2）系统管理维护。主要是支持系统管理员对系统用户的增加、删除和编辑，并能够统一赋予初始密码，分配用户角色。

2）角色管理

角色管理模块用于系统管理员对操作系统人员角色的新增、编辑、删除、查询、角色授权等。此功能主要提供给相关领导、系统管理员、业务员等角色，包括用户角色管理和角色授权两个部分的内容。

（1）用户角色管理。支持系统管理员对系统角色的增加、删除和修改，本系统中角色与系统功能对应，根据用户不同可以分配不同的角色。

（2）角色授权。对用户申请查看某些数据的权限进行控制，可对权限信息进行添加、删除、修改操作，也可将角色信息和权限信息进行关联。

3）日志管理

日志管理模块主要实现登录系统用户针对系统的操作记录操作日志，记录所有用户的登录信息和操作信息，当系统中发生实际操作需记录日志时，调用该日志管理模块相关接口，记录下何人何时于何处进行了何操作，并写入数据库中，供系统管理员查询和事件追溯。此功能支持日志的添加、删除、修改、查看等操作。用户通过日志管理可以快速调取相应时间条件下的系统操作日志记录信息进行系统的运维监管，只有最高权限的系统管理员用户才可实现对日志的删除及修改等功能操作。

9.2　宁波"地灾智防"App 端

宁波"地灾智防"App 是在浙江省"地灾智防"App 基础上建设的具有宁波特色的"地灾智防"移动应用，主要面向具体业务人员，具备可查、可用、可学的功能，统领地质灾害防治工作，从风险管理、预警发布、异常反馈、灾险情处置、数据归集、复盘评估，全方位实现地质灾害防治工作的扁平化管理和信息的全息化展现。App 主要包括 4 类功能：地质灾害专题类、信息填报类、资讯法规类、资料仓库等。

9.2.1 地质灾害专题类

地质灾害专题类主要包括 App 端主体功能,即等级预报、实时预警、专业监测、台风路径和风险一张图五大功能,主体内容与宁波市地质灾害防御场景平台内容一致。

1.等级预报

在 App 主页面点击【等级预报】图标,即可进入等级预报页面,选择需查看预报的日期和时间,查看等级预报结果,上拉可查看预报情况和预报信息,如图 9-42 所示。

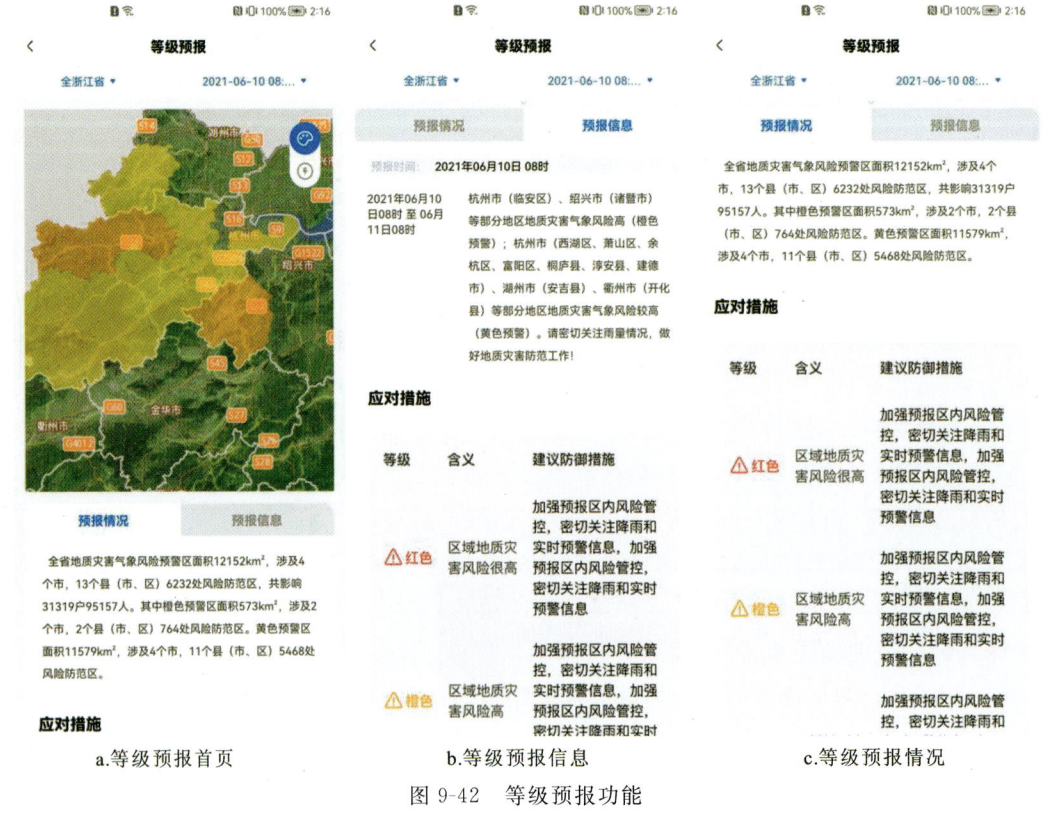

a.等级预报首页　　　　　b.等级预报信息　　　　　c.等级预报情况

图 9-42　等级预报功能

2.实时预警

在 App 主页面点击【实时预警】图标,即可进入实时预警页面,实时预警每小时动态更新风险防范区的风险等级,红色等级风险区闪烁显示,群测群防员一键报警的风险防范区同样为红色等级闪烁显示,不同地区用户只能查看所属辖区的实时预警信息。上拉可查看预警趋势图与趋势统计表,统计表中显示影响人数、影响户数。如需查看历史预警信息,可点击【地点】【时间】按钮,选择指定的地点、时间查看。点击地图右下角定位图标,可查看用户 5km 内风险防范区列表,以及预警情况也可以根据风险防范区名称进行搜索(图 9-43)。

第 9 章 地质灾害风险防范区动态管理数字化应用

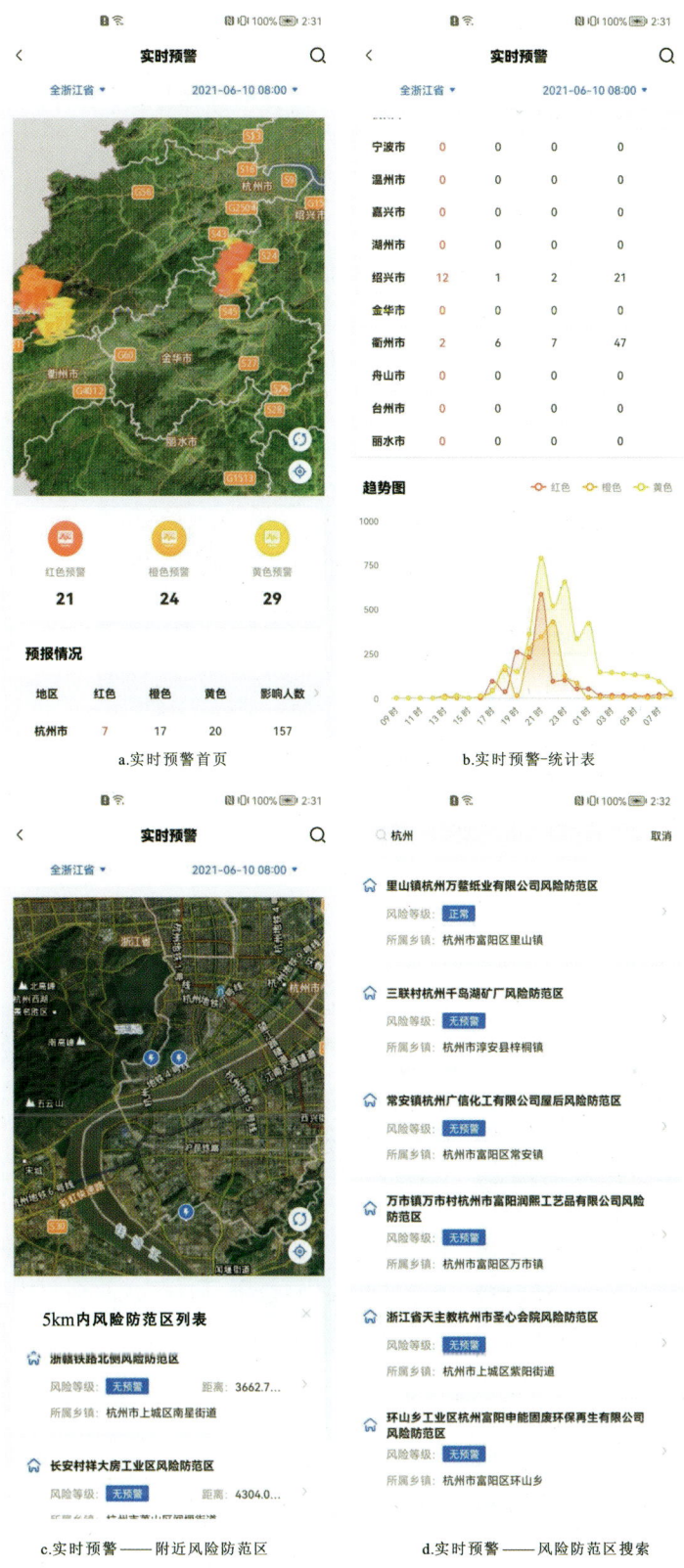

图 9-43 实时预警功能展示界面

3. 专业监测

在 App 主页面点击【专业监测】图标,进入专业监测点地图页面,App 优先展示最高等级预警。地图按照市级聚合,如图 9-44a 所示,用户可以点击红色、橙色、黄色进行切换。点击地图预警聚合点后,地图缩放至区县一级,专业监测站按照区县进行聚合,如图 9-44b 所示;再次点击聚合点,地图展示监测站图标,如图 9-44c 所示;点击监测站地图显示监测站里监测设备,如图 9-44d 所示;点击设备可查看设备基础信息以及监测数据统计图,支持查看近 1 天、1 周、1 个月的监测数据,如图 9-44e 所示。通过页面顶部的行政区划切换到用户所属区域查看。点击右下角搜索图标,支持按名称搜索专业监测点(图 9-44)。

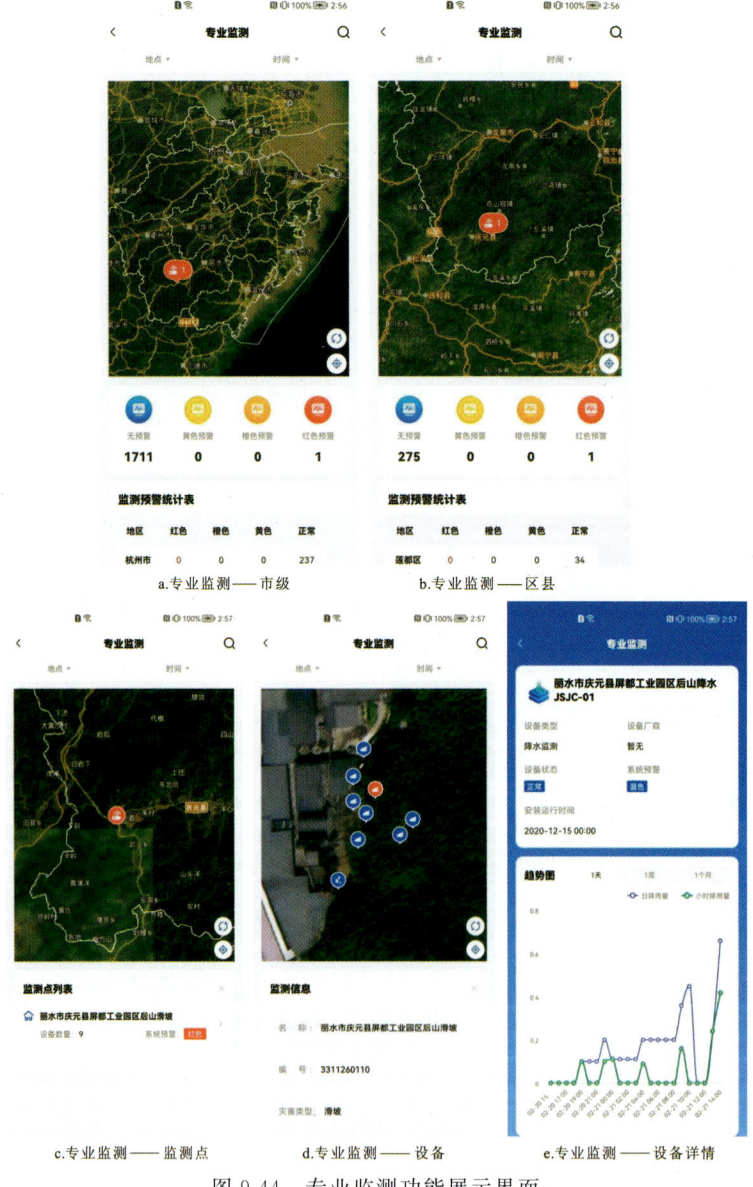

图 9-44 专业监测功能展示界面

第 9 章 地质灾害风险防范区动态管理数字化应用

4. 台风路径

在 App 主页面点击【台风路径】图标,进入台风路径地图页面,可查看最新台风的实时信息、预报等内容,如图 9-45 所示。

图 9-45 台风路径

5. 风险一张图

在 App 主页面点击【一张图】图标,进入风险一张图页面,点击弹框选择要查看的模块,包括风险防范区、切坡建房、隐患点、风险调查、地灾易发区、斜坡单元、台风复盘、年度灾险情,点击地图单元,可查看详细信息,如图 9-46 所示。

图 9-46　风险一张图

第9章 地质灾害风险防范区动态管理数字化应用

6. 防御动态

防御动态包括防御部署、市三防速报、会商报告、防御 PPT、督查排查、排查检查六大模块，点击响应模块进入列表首页，点击列表单项查看详情信息，如图 9-47 所示。

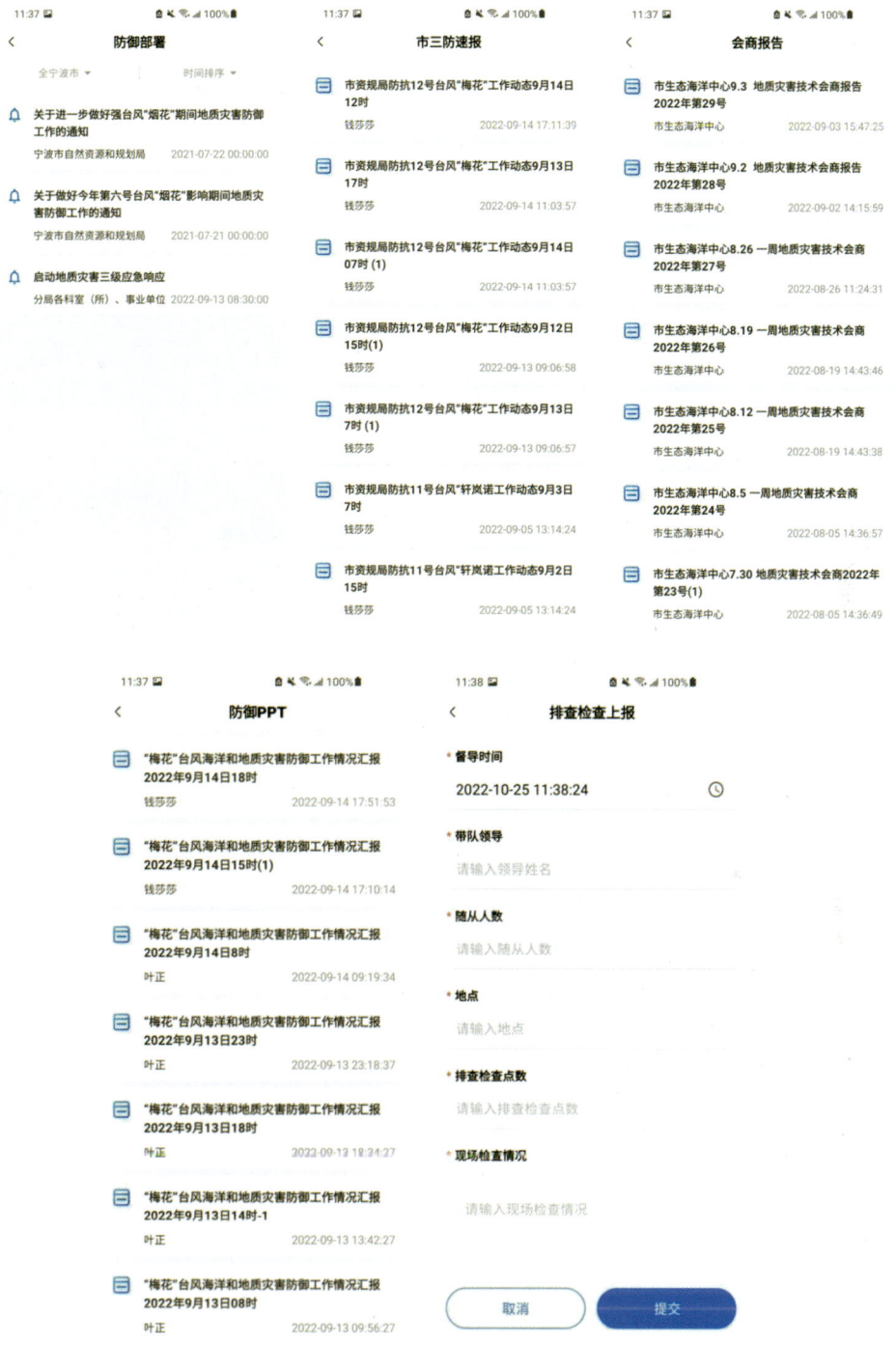

图 9-47　防御动态

9.2.2 信息填报类

在 App 中进行信息填报主要包括紧急上报、地灾巡查、应急调查、应急值守、切坡建房和灾险情速报等模块,县级填报人员、乡镇分管领导和自然资源所责任人负责填报本辖区范围内风险防范区的应急撤离和灾险情速报情况,群测群防员(网格员)负责填报所管风险防范区的一键报警和地灾巡查信息。

1. 地灾巡查

群测群防员(网格员)负责地灾巡查信息填报。点击【地灾巡查】按钮,进入巡查页面,显示负责的风险防范区列表、巡查统计,包括各个地区的巡查次数,以热力图的形式直观展示;上拉显示区域统计,内容包括巡查风险防范区数、巡查次数、有效巡查次数(图 9-48a)以及个人巡查排行榜(图 9-48b)。当填写巡查内容及发现问题、现场处置及下一步建议,拍摄现场照片,表单填写完毕后,点击【提交】按钮将巡查信息提交至后台。若现场情况不清楚,可点击【暂存】按钮,先暂存到本地,待确认无误后在历史模块未上报列表中,点击【提交】按钮将暂存的巡查信息及时提交,如图 9-48c 所示。

a.巡查统计　　　　　　　　　　　b.巡查统计——个人排行榜

第 9 章 地质灾害风险防范区动态管理数字化应用

c.巡查记录填报

图 9-48 地灾巡查功能

针对省、市、县浏览用户，点击【地灾巡查】图标，直接跳转到地灾巡查列表页面，如图 9-49 所示，查看用户所属行政区的巡查信息。在地灾巡查列表页面，点击列表项，跳转到地灾巡查详情页面，查看巡查详情信息。

2. 紧急上报

群测群防员（网格员）负责紧急上报填报，在巡查过程中，若发现有明显致灾趋势，点击【紧急上报】按钮，进入一键报警页面，默认显示该群测群防员填报记录。支持按照地点、时间进行筛选，如图 9-50a 所示；点击查看详情，进入上报详情页面，如图 9-50b 所示。

图 9-49 地灾巡查列表

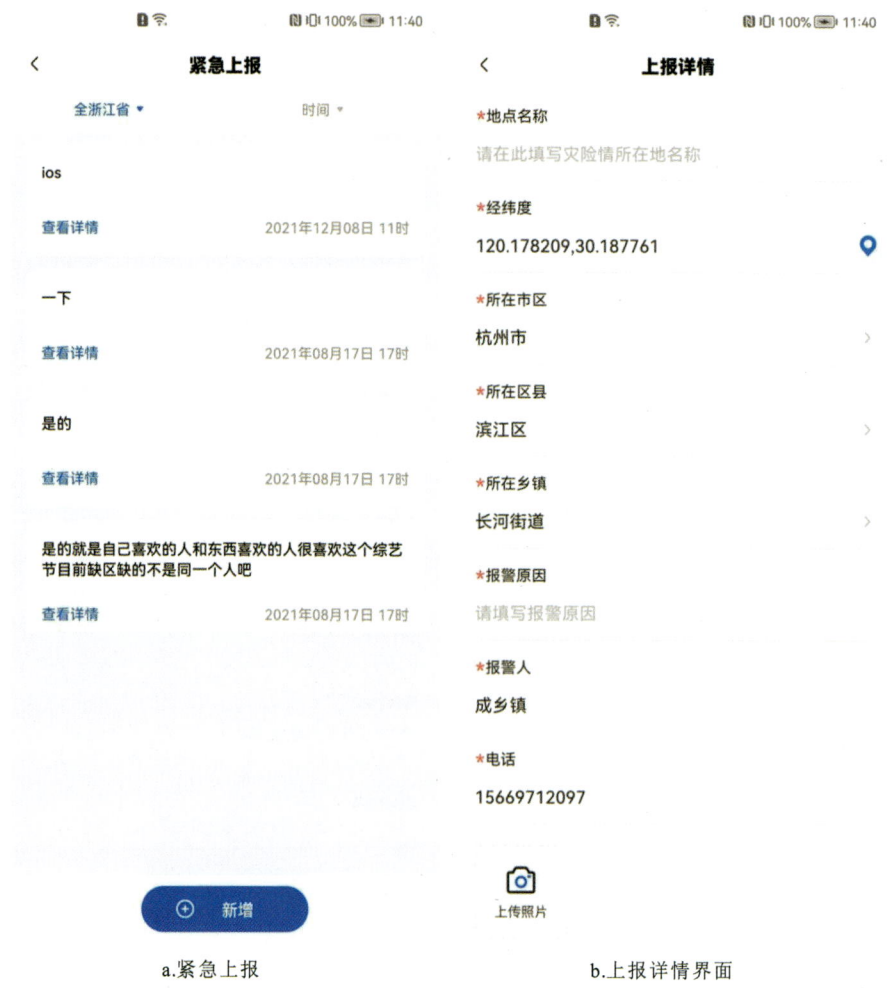

a.紧急上报　　　　　　　b.上报详情界面

图 9-50　地灾巡查列表

3. 灾险情速报

县级、乡镇责任人负责填报灾险情信息,点击【灾险情报送】模块,进入页面,首先展示各地区速报统计信息,如图 9-51a 所示;点击条目进入该地区灾险情列表页面,支持按照速报关键字进行搜索,如图 9-51b 所示。

4. 驻县进乡

App 主界面【驻县进乡】模块,展示用户所属行政区域下的用户签到统计情况。该情况直观展示在地图上,如图 9-52 所示。当用户拥有驻县进乡的填报权限时,才可以进行签到和签退。点击地图中的白色图标,则可以查看该地区签到人的姓名、联系电话及签到时间、是否携带装备。

第 9 章　地质灾害风险防范区动态管理数字化应用

a.灾险情速报-速报统计　　　　　b.灾险情速报-速报列表

图 9-51　灾险情速报功能

5. 应急值守

在 App 主页面点击【应急值守】图标，用户可以看到当前行政区值班人数，以及用户当前值班记录。点击开始值班，用户即可进入值班状态，底部按钮变为红色，再次点击即可结束值班状态，若值班超过 24h，后台自动结束值班。点击添加记录，进入记录填报界面，如图 9-53 所示。

9.2.3　资讯法规类

资讯法规类主要包括知识学习（图 9-54）、科普知识、政策法规、规范规程、设备科普、功能介绍、资料仓库（图 9-55）七大模块。

图 9-52 驻县进乡页面

图 9-53 应急值守界面

第9章 地质灾害风险防范区动态管理数字化应用

图 9-54　知识学习

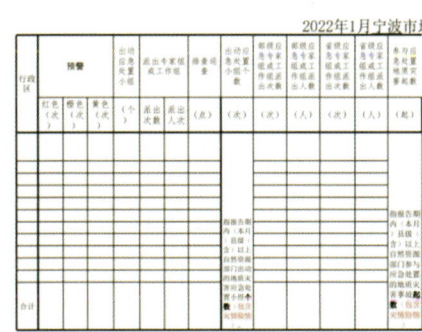

图 9-55　资料仓库

第 10 章　地质灾害风险防范区风险管控措施

为深入贯彻习近平总书记关于防灾减灾救灾工作系列重要论述精神、党的十九大和十九届历次全会以及省委十四届八次全会和市委第十四次会议精神，遵循"以人为本、生命至上"原则，贯彻省省关于地质灾害防治的工作部署，加大地质灾害风险管控力度，2020 年 7 月，自然资源部地质勘查管理司部署地质灾害风险管理试点工作，要求浙江围绕地质灾害风险管理制度建设、方式方法研究、标准规范建立等进行实践，因此，2021 年浙江省下发了《浙江省自然资源厅关于进一步规范全省地质灾害风险防范区管理的通知》（ZJSP 63-2021-0005），2022 年编制了《浙江省地质灾害风险隐患双控管理工作指南（第一版）》（以下简称《指南》）。

宁波市全面落实浙江省地质灾害风险隐患双控管理工作措施，大力开展地质灾害综合防治能力建设，充分运用现代科学技术，全面提升地质灾害防治技术水平，建立了"一图一网、一单一码、科学防控、整体智治"的地质灾害风险管控新机制；加大地质灾害风险防范区管理，充分发挥各级各部门和社会团体在地质灾害防治工作中的积极作用，构建了分区分类分级的地质灾害风险管理新体系，提升了地质灾害"整体智治"能力，确保完成"不死人、少伤人、少损失"工作目标，保障了宁波市城市和经济建设高质量发展。

10.1　地质灾害风险防范区管理目标

宁波市围绕地质灾害"风险识别、风险监测、风险预警、风险防范、风险治理、风险管理"六大能力建设，按照浙江省地质灾害巡查技术要求和监测信息指南要求，开展地质灾害群测群防管理支撑层级化、监测手段多样化、数据采集智能化、预报预警及时化、信息服务一体化的"五化"模式建设，有针对性地进行分类施策，补短板强弱项，不断提升地质灾害综合防治能力。

1. 多措并举，提升风险识别能力

充分发挥卫星、遥感、雷达、无人机等地理信息测绘新技术和新手段，开展地质灾害风险调查评价工作。全面摸清地质灾害隐患，定期分析地质灾害风险区动态变化情况，及时更新风险调查成果，加强地质灾害发生发育规律研究。

2. 部门联动，提升风险监测能力

各级气象、水利、资源规划等部门要加强雨量监测数据共享，合力开展地质灾害风险防范区等雨量站建设,为地质灾害监测预警提供保障。要大力推广运行可靠、功能适用、精度适当、经济实用的普适性专业监测设备。按照一个地质灾害风险防范区配备一名群测群防员的要求,持续加强地质灾害群测群防员队伍建设。

3. 统一标准,提升风险预警能力

优化市级地质灾害气象风险预报系统平台建设,动态分析调整重点地区降雨阈值,及时更新地质灾害潜适度,努力实现与浙江省地质灾害气象风险预报系统"底图统一、标准统一、模型统一、互联互通"。开展地质灾害气象风险预警,加强降雨数据运用,发布风险管控清单。

4. 数据支撑,提升风险防范能力

加强大数据、物联网、5G 等新技术在地质灾害防治中的应用,以浙江省地质灾害"风险码"数据为主线,以地灾智防 App 和宁波市地质灾害防御指挥平台为载体,实现全市地质灾害监测、分析、预报、预警和应急服务智慧化管理,及时掌握灾情动态变化,提升风险防范能力。

5. 综合施策,提升风险治理能力

按照"源头治理、综合施策"要求,加大国土空间规划管控,切实规范山区切坡建房、资源开发等活动。在确保安全的前提下,将地质灾害风险防范区综合治理与生态修复、土地整治、美丽乡村建设、易地搬迁等结合起来,实现一举多得。

6. 完善体系,提升风险管理能力

完善地质灾害管理体系,进一步健全政府统一领导、相关部门协同配合的地质灾害防治共同责任机制,发挥地质灾害防治工作领导小组组织、协调作用。严格执行部省地质灾害防治技术规范,提高防治工作水平。

10.2 地质灾害风险防控"平战"结合工作体系

宁波市自然资源与规划局严格落实浙江省实施的"平战"结合工作体系,从平时防控、战时防控、平站转换 3 个方面对地质灾害风险防范区严防死守(图 10-1)。平时防控、战时管控、平战转换 3 个方面管理体系具体内容如下。

平时防控主要包括地质灾害风险识别—规划管控—工程监管—综合治理—日常巡查—培训宣传—复盘评估等工作。

战时管控主要包括地质灾害风险识别—风险监测—风险研判—风险预报—风险预警—风险处置—复盘评估等工作。

平时防控是战时管控的工作基础,当发布地质灾害预警预报或启动应急响应时,立即转为战时管控。

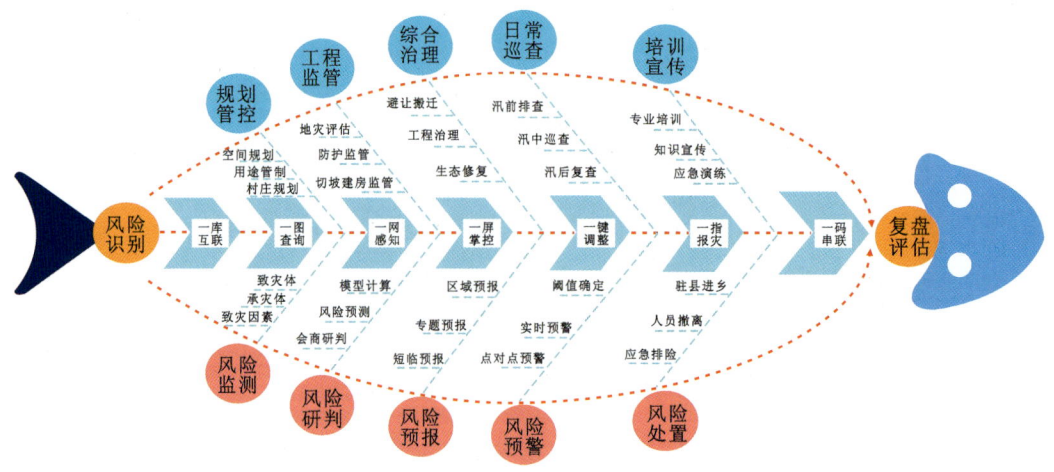

图 10-1　地质灾害风险隐患双控"平战结合"工作体系

10.3　地质灾害风险防范区平时管理

1. 地质灾害风险防范区划定更新

宁波市县级自然资源主管部门会同同级建设、交通运输、水利等部门,组织开展地质灾害风险调查、排查,依据有关技术规范划定地质灾害风险防范区及分类定级,报本级政府批准后实施;每年按照汛期前、梅汛期后、汛期后 3 个时间节点,做好地质灾害风险防范区新增、核减、调整等动态更新,统一纳入全省地质灾害风险防范区数据库(图 10-2)。地质灾害风险防范区作为年度地质灾害防治方案编制的重要内容,相关信息及时与有关部门共享,一并向社会公布。

图 10-2　地质灾害风险防范区调整流程

2. 落实地质灾害风险防范区管理责任人

县级自然资源主管部门负责地质灾害风险防范区管理工作的组织协调和指导监督,将地质灾害风险防范区管理纳入基层治理"四个平台",明确网格内地质灾害防范的责任人和具体事务,加强对责任人的业务知识培训,指导做好地质灾害风险防范区巡查工作。

3. 编制、落实地质灾害应急预案及规划

县级自然资源主管部门针对有地质灾害分布的行政村编制地质灾害防灾避险方案及规划,县级应急管理部门对重点和次重点风险防范区编制地质灾害应急预案,乡镇人民政府(街道办事处)对受风险防范区影响的村民,逐户发放地质灾害防灾避险明白卡。

4. 做好地质灾害风险防范区标识与宣传工作

县级自然资源主管部门按照"一区一牌""一户一卡"的要求,在比较醒目位置设立地质灾害风险防范区标识牌(图10-3),指导发放避险明白卡。标识牌和明白卡要载明风险防范区的范围、预警信号、人员撤离路线、避灾安置场所、应急联系方式等。要加强地质灾害防治宣传与培训,落实地质灾害防治知识进文化礼堂工作,切实提高全社会风险防范意识和避险自救能力。

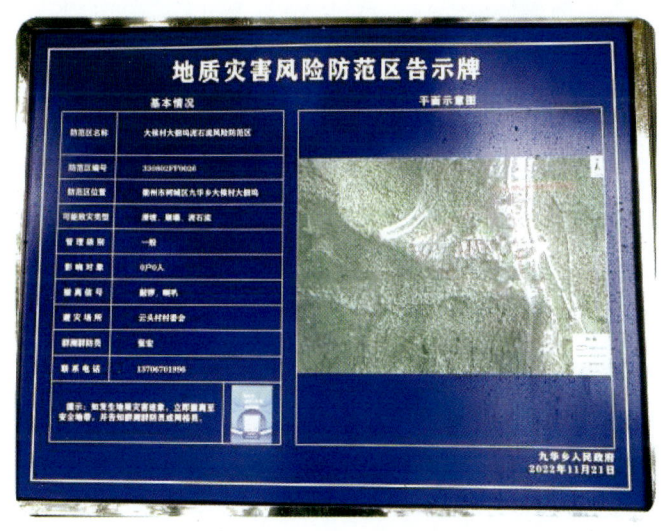

图 10-3 地质灾害风险防范区告示牌

5. 实施地质灾害风险防范区专业监测

县级自然资源主管部门要按照"专群结合"的要求,推广应用经济实用、性能可靠的普适型专业监测设备,对重点和次重点地质灾害风险防范区,按照轻重缓急的原则,有计划地实施专业监测,不断完善地质灾害专业监测网络(图10-4)。

6. 确定地质灾害风险防范区风险阈值

县级自然资源主管部门要按照"一区一阈值"的要求,会同气象、水利等部门,组织专业技术单位结合本区域地质灾害分布发育与变形特征,确定每个地质灾害风险防范区的风险阈值,并结合年度地质灾害发生情况,原则上每年开展一次风险阈值评估调整工作。

专业监测设备(GNSS)　　普适性监测设备(雨量+声光报警器)　　无线简易雨量筒

图 10-4　地质灾害风险防范区专业监测

10.4　地质灾害风险防范区战时管理

1. 地质灾害风险防范区应急协同

各级自然资源主管部门要在当地政府和防汛防台抗旱指挥部的统一领导下,主动与同级应急管理部门建立完善应急协同工作机制,强化应急救援技术支撑队伍、物资、装备等资源共建共享,切实做好地质灾害风险防范区管理工作。

2. 做好地质灾害风险防范区预报预警

各级自然资源主管部门要按照"省级预报到县、市级预报到乡、县级预警到村"的要求,根据气象、水利部门预报和实时监测降雨数据,及时发布地质灾害风险等级预报"五色图"和风险预警信息提示单。

3. 地质灾害风险防范区转移避险

县级自然资源主管部门及各镇政府管理人员,根据《浙江省地质灾害应急转移工作技术指引(试行)》,当预警预报级别达到转移条件时,按照提前转移、及时转移、果断转移的"三个转移"要求,及时做好受威胁人员转移避险相关工作,切实提高人员转移的精准性和及时性。

4. 地质灾害风险防范区应急技术支撑

对发生的地质灾害灾险情,县级自然资源主管部门要组织专业技术单位和"驻县进乡"地质队员第一时间赶赴现场,及时上报灾险情,做好应急调查、灾害评估和动态监测等工作。

10.5 地质灾害风险防范区源头管控

1. 工程建设项目地质灾害风险管控,严格落实地质灾害危险性评估制度

各级自然资源主管部门要采取国土空间规划管控、用途管制等非工程性手段,严格控制地质灾害风险防范区内及周边影响区域工程活动(表10-1),严格落实地质灾害危险性评估制度,最大程度降低工程活动对地质环境的扰动和影响。

表 10-1 规划事项对应的管控要点

规划事项	管控要点
划定城镇开发边界	避让灾害高、中易发区
优化中心城区用地布局	避让灾害高、中易发区
新增建设区域	避让灾害高、中易发区和隐患点
已建区域	划定为重点风险防范区的,不作更新安排
单独选址项目	开展地质灾害危险性评估并配套实施相关防护工程
行政村空间规划	涉及地质灾害易发区的区域不再投放农民建房土地指标;在全域整治和村庄搬迁等工作中,优先安排位于易发区中的群众实施搬迁;搬迁后的原址,优先规划为复垦区域

2. 山区农民切坡建房地质灾害风险管控

按照分类管理的要求,重点地质灾害风险防范区内原则上不得再安排新建农民建房用地指标,其他区域从村庄规划、建设用地审批、地质灾害防治等方面完善相关制度和流程,做好"三讲三到位"建房引导,提前防范化解安全风险。

3. 开展地质灾害风险防范区综合治理

鼓励各地将地质灾害风险防范区纳入国土空间生态修复项目,实施综合治理,从源头上降低地质灾害风险。

10.6 地质灾害风险防范区数字化管理

1. 实行地质灾害风险防范区数字平台管理

市自然资源主管部门要按照"一体化、数字化、智能化"的原则,充分应用浙江省地质灾害风险智控平台,对地质灾害风险防范区进行全周期数字化管理(图10-5)。市、县级自然资源主管部门要在全市统一构建的智控平台的基础上,做好地质灾害风险防范区数据采集、动态更新与维护等工作,实施一个平台管理。

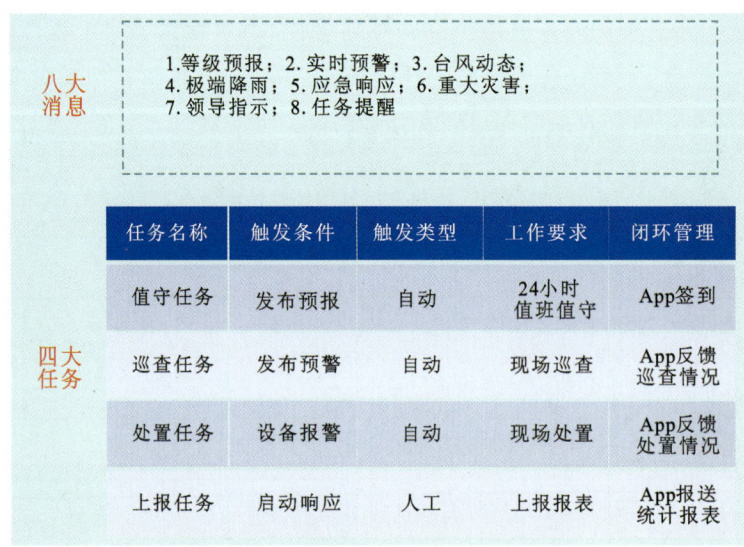

图10-5 "地灾智治"数字管理应用信息

2. 地质灾害风险防范区实施"风险码"管理

要按照"一区一码、一码管灾"的原则,将地质灾害风险防范区信息、群测群防员(网格员)信息、监测预警信息等全部纳入"风险码"统一管理。

3. 管理应用"地灾智防"App

市、县(市、区)、乡镇(街道)地质灾害防治管理人员、群测群防员(网格员)、"驻县进乡"地质队员全面应用"地灾智防"App,实施地质灾害信息查看、发布、上报等。

10.7 地质灾害风险防范区管理保障措施

1. 组织保障

各级自然资源主管部门组织领导,按照"横向到边、纵向到底、闭环管理"的原则,充分发挥地质灾害防治联席会议或领导小组的作用，指导督促有关单位落实职责分工，密切协作、齐抓共管，形成工作合力。

2. 资金保障

各县根据地质灾害防治任务实际情况，落实地质灾害防治专项资金，将地质灾害风险防范区管理所需经费纳入年度预算。中央、省自然灾害防治体系建设补助资金优先支持重点地质灾害风险防范区开展综合治理。

3. 技术保障

各县深入开展地质灾害防治千名地质队员"驻县进乡"专项行动，督促技术支撑单位切实履行职责，做好地质灾害风险防范区管理技术支撑工作。

4. 提升地质灾害应急处置能力

各级应急管理部门要时刻保持危机意识，以新编应急预案为抓手，深化"安全码"管理应用，强化应急处置演练，调整充实地质灾害应急专家库，加强地质灾害应急装备现代化建设，做好应急处置各项准备工作，切实提升突发地质灾害防范和应急救援能力，确保一旦发生地质灾害事件，及时启动应急响应，合理调度救援力量，组织开展应急救援。各级资源规划部门要切实做好应急技术支撑各项准备工作，接到地质灾害灾（险）情报告后，第一时间派遣专业技术队伍提供应急技术支撑工作。

第 11 章 宁波市地质灾害风险管控成效总结及展望

11.1 地质灾害风险管控成效

11.1.1 打造四张网，同心协力联动夯实地质灾害防治

宁波市高度重视地质灾害预防治理，市自然资源和规划局协同各防灾部门，持续拉紧责任网，健全监测网，打造治理网，完善政策支撑网，经过数年提升，已成功创建形成一套密实的地质灾害防治体系，实现多年地质灾害零死亡。

1. 强化群策群力，拉紧防治责任网

宁波市成立了以市长为组长、常务副市长为常务副组长、分管防汛的副市长为副组长、相关职能部门负责人为组员的地质灾害综合治理专项行动领导小组，具体指导专项行动的开展。逐级签订责任书，将任务分解到乡镇（街道），把防灾责任落实到具体负责人。建立"市、镇、村、点"四级群测群防体系，每年对地质灾害防治工作负责人、分管领导、专管员以及群测群防员进行充实调整和公布。按照"一处一人"原则聘用群测群防员，积极开展业务培训、提供必要的监测装备、购买人身意外保险，由所在乡镇（街道）制定相应的管理办法，并对考核合格的群测群防员给予 3000 元/处的资金补助。同时，长期聘请浙江省工程物探勘察设计院等专业单位提供技术指导，共同承担日常巡查、应急调查、防灾指导等工作。

2. 狠抓预测预防，健全预警监测网

应急管理、自然资源、气象、水利等部门建立预警预报会商机制，与浙江省水文队、工程物探勘察设计院等专业技术单位建立汛情协作机制，邀请地质灾害防治专家参与研判。根据前期雨量及后期气象预测雨量，针对重点防御对象开展定期或不定期会商，把预警预报信息第一时间传达至防灾责任人和可能受威胁人员。建立并运行动态巡查机制，在汛前、汛中、汛后全周期对地质灾害隐患点进行排查。

3. 贯穿全程全时，打造综合治理网

从 2016 年开始对全市所有在册的地质灾害隐患点进行全面排摸和实地踏勘，为实现综

合效益最大化,考虑隐患点实际情况,按照"一点一案"原则,采取避让搬迁、工程治理、应急排险或专业监测等措施进行综合治理。同时,督促乡镇(街道)加强工程监测,对仍存在的隐患点进行应急排险治理,对鉴定为质量问题的工程,直接约谈设计、施工、监理单位返工。严格落实值班制度,发生地质灾害第一时间参与抢险指导和应急调查。

总体综合治理可分为 3 种方式。一是"快速"开展应急处置。市财政每年安排专项资金用于地质灾害应急保障工作。发现地质灾害灾(险)情后,自然资源部门和乡镇(街道)第一时间到达现场开展应急处置,防止灾(险)情扩大。例如 2019 年余姚市陆埠镇发现 1 处 21 000 m³ 的滑坡险情,自然资源部门和陆埠镇政府到达现场后立即采取关闭山脚茶场、转移人员、封闭道路等应急措施,同时会同专业技术单位开展应急调查,制定应急排险方案,陆埠自然资源所加强日常巡查与宣传。随后经招标,工程施工单位在勘查设计的基础上拆除受威胁的厂房,并对险情点开展应急排险。二是"规范"实施工程治理。根据调查评价、动态巡查、日常监测情况,以"科学论证、群众自愿、分批实施"为原则,编制地质灾害工程治理项目实施年度计划。各治理项目经专业单位勘察设计,资质单位施工、监理,上级主管部门把关验收,工程资金管理由审计部门监督,做到规范操作、保证质量,并加强专业技术指导,避免因削坡、开挖、回填等因素引发二次灾害。三是"统筹"推进搬迁避让。与下山移民、新农村建设、农村土地综合整治、农房"两改"、拆迁安置等工作有机结合,统筹安排资金,积极争取专项用地指标,有计划有步骤地推进地质灾害隐患点周边群众搬迁避让。例如 2013 年以来,余姚市累计投入资金 3 亿多元,争取专项用地指标 132 亩(1 亩≈666.67 m²),建成 2 处集中安置点,完成搬迁避让 130 户。

4. 紧扣民生民心,形成政策支撑网

充分利用现有的各类政策,形成地质灾害防治综合支撑网,例如将地质灾害隐患消除任务完成情况纳入乡镇(街道)年度重点专项工作考核,对完成搬迁避让清零任务的乡镇(街道)给予奖励,有效激发乡镇工作的积极性;向上争取地矿补助资金,市政府筹措安排专项资金,乡镇(街道)另外配套政策处理费、青苗补偿款,并通过地质灾害隐患点土地复垦等多方筹措资金,让避让搬迁群众得到最大实惠。优先保障地质灾害避让搬迁安置点规划选址、用地报批,用于地质灾害集中安置点建设,如位于余姚市梨洲街道的振兴公寓 105 亩、梁弄镇的众兴家园 110 亩、陆埠镇的五马安置点 34 亩。结合"4·22"地球日、"5·12"防灾减灾日和"6·25"土地日,组织地质灾害防治宣传活动,组织市级层面、村级层面的地质灾害防治知识进农村文化礼堂宣讲活动,不断增强群众识灾、防灾、减灾意识,形成全社会支持、参与地质灾害综合防治的良好局面。

11.1.2 地质灾害生态综合防治典型案例

宁波市综合利用各类政策对地质灾害进行工程治理及搬迁避让,消灭地质灾害,并融合旅游、土体资源利用及生态等实现社会经济协调持续发展。

1. 工程治理样板

1)"虹吸成景"——宁海桑洲玄武岩台地大型滑坡治理

宁海县桑洲镇南岭村六峰、南山章和江下村的玄武岩台地滑坡方量合计 30 余万立方米,威胁 347 户/818 人,是浙江省少见的威胁人数和规模均超大型的连片滑坡群。根据前期调研,由于搬迁人口或治理规模超出常规,走"搬治老路"难度巨大。经过对滑坡群周边详细地质勘查分析,并经国内权威专家多轮论证会商,由浙江省工程物探勘察设计院联合浙江大学提出的"虹吸排水"综合治理方案脱颖而出,破解大体量搬迁或超大型工程治理的难题,成为全省玄武岩台地治理方式的创新突破。因地质灾害治理而成的"虹吸滴泉"与"南岭古道、梯田油菜、屿东桃园"等地一起为当地经济和社会发展作出了贡献,成为桑洲当地一景(图 11-1)。

桑洲南山全景

集水井近照

图 11-1 宁海桑洲玄武岩台地大型滑坡治理

2)"公园蝶变"——海曙朱敏村山体大型滑坡险情治理

受台风暴雨影响,朱敏村前门山发生山体滑坡重大险情,直接威胁 494 名村民生命财产安全。当地政府火速动员,及时转移全部受威胁群众,紧急部署应急措施。在时任分管厅长多次关心指示下,不断创新体制机制模式,形成"重大隐患省市县三级督办机制、关键节点联合检查制度、综合成果同步验收体系",治理期间,省市县三级累计督办 8 次、关键节点联合检查 15 次,综合成果一次性验收通过,"亦园亦景亦防"的地质灾害治理工程彻底消除了危险隐患(图 11-2)。

a.滑坡治理前现场　　　　　　　　　　　b.工程项目实施中现场

c.滑坡治理后现状

图 11-2　海曙朱敏村山体大型滑坡险情治理

3)"羊角山守护"——北仑小港建设村滑坡治理

2015 年,受台风强降雨引发,北仑小港街道建设村羊角山部分山体出现多条高位裂缝,隐患规模约 4 万 m³,直接威胁其北侧"江南华庭"小区 30 户/100 余名群众生命财产安全。市县两级自然资源主管部门第一时间会同当地政府撤离受威胁人员并划定风险防范区域,组织专业机构进驻实施应急调查。根据治理方案,建成集"抗滑桩+锚杆格构梁+削坡"的地质灾害守护工程,为群众生命财产筑牢坚固的"防灾长城"(图 11-3)。

治理后

图 11-3 北仑小港建设村滑坡治理后现状

2. 避让搬迁

1)"盈坑速度"——宁海黄坛盈坑村滑坡隐患搬迁

宁海县黄坛镇盈坑村滑坡隐患威胁全村 119 户/225 人,当地政府通过精确调研、精心布置、精准发力,用短短 7 天时间,全面彻底完成整村人员腾空、动产转移、旧房拆除等工作,打响宁波除险安居"政府给力、组织得当、群众参与、各方满意、零投诉上访"的避让搬迁"金名片"(图 11-4)。

2)"翔鹤潭整治"——奉化裘村翔鹤潭崩塌隐患搬迁

奉化区裘村镇翔鹤潭崩塌地质灾害隐患威胁 38 户/170 人,为彻底消除隐患,翔鹤潭隐患综合整治工作历经多任地质灾害防治责任人 10 余年细致入微地持续推动,最终搬出一片"搬治结合、群众满意、土地整理、环境整洁"的崭新天地(图 11-5)。

第11章 宁波市地质灾害风险管控成效总结及展望

a.受威胁区域房屋拆除现场

b.搬迁后土地整治现场

c.集中搬迁后新建安置小区

图 11-4 宁海黄坛盈坑村滑坡隐患搬迁情况

a.新建集中搬迁安置小区

b.搬迁后原土地修复整治

图 11-5 奉化裘村翔鹤潭崩塌隐患搬迁情况

3)"花海休闲整治"——余姚梁弄镇让贤村钱库岭地质灾害点搬迁

近年来,余姚市局在该市梁弄镇人民政府的配合支持下,对梁弄镇让贤村钱库岭地质灾害点通过避让搬迁、村庄整治、土地整理与新农村建设等惠民利民政策整合利用,搬迁农户

106户/386人,并在搬迁农户的原宅基地上建成利用滴水灌溉的梯田63亩,建设色彩观光农业,现今花海成为市民休闲的好去处(图11-6)。

图11-6 余姚梁弄镇让贤村钱库岭地质灾害点搬迁后整合利用现状

11.1.3 地质灾害数字化管理提质增效

宁波市以省市加快推进专项业务数字化改革为契机,根据省市信息化统一部署,按照浙江省地质灾害"整体智治"三年行动方案,开展了宁波市地质灾害防御场景展示项目建设工作,数字化改革成效主要体现在以下4个方面。

1. 构建全市地灾智防"一图一库一平台"贯通体系

在省市"地灾智治"应用全面贯通的基础上,打造集地质灾害隐患风险、预警预报、专业监测、灾险情速报等要素于一体的全市域地灾特色"一张图"、地灾数据"一个库"、地灾智防"一平台",确保全域可见(图11-7)。

2. 统筹部署临灾指挥展示端和后台支撑操作端

构建集展示端和操作端于一体的"双场景"等地质灾害防御应用,实现汇报展示和业务操作一体化,满足不同场景、不同对象、不同展示界面下的各类需求。

第11章 宁波市地质灾害风险管控成效总结及展望

图 11-7　全市地灾智防"一图一库一平台"

3. 建立结构扁平快速实时的地质灾害"预警叫应处置"闭环

完善预警信息推送，建设应急叫应功能，实现预警生成、推送、发布等功能实时化，协同联动市、县、乡、群测群防员各级责任人共同处置实时预警，实现实时预警的闭环处置（图 11-8）。

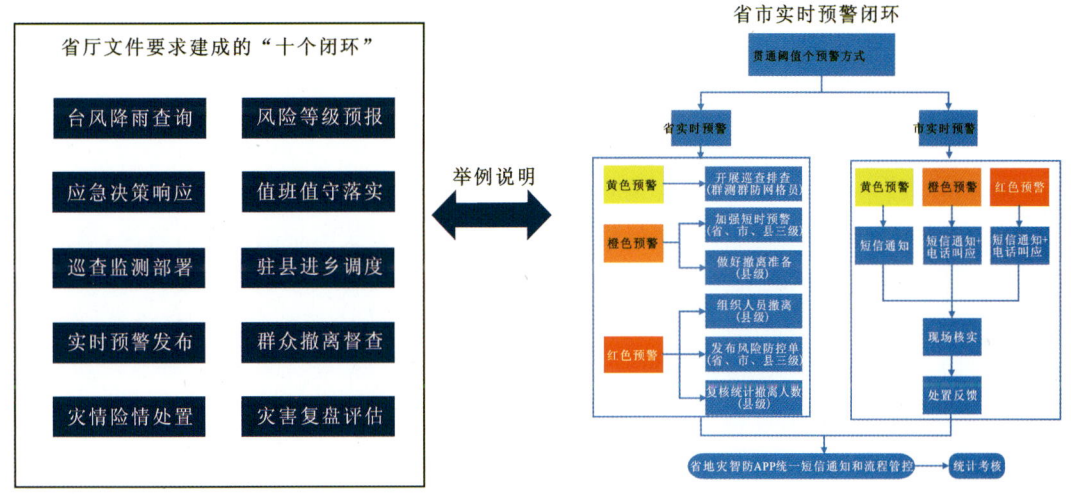

图 11-8　地质灾害"预警叫应处置"闭环体系

4. 建设基于省"地灾智防"App 宁波板块的特色栏目

在浙江省"地灾智防"App 的基础上建设宁波市特色的"地灾智防"App，从风险管理、预警发布、异常反馈、灾险情处置、数据归集、复盘评估等方面，全方位实现地质灾害防治工作的扁平化管理和信息的全息化展现（图 11-9）。

173

图 11-9 "地灾智防"App 宁波板块的特色栏目

11.2 地质灾害风险管控展望

宁波市地质灾害具有规模小、风险大的特点，随着台风、极端气候频发，地质灾害防治技术及管理尚存在许多难题需要攻克，经过几十年的努力，目前正处于地质灾害管控由人防-技防、地质灾害隐患向地质灾害风险双控转变的转型期，因此，地质灾害风险管控尚存在众多难题需要解决，也给科技工作者及管理者留下广阔的发展空间。

1. 搭建地质灾害风险科研技术与地质灾害风险管理技术的桥梁，实现同步提升，夯实地质灾害风险管理通道

随着科学技术的进步，地质灾害风险管理及监督平台日新月异，基本实现了对地质灾害风险智能管控，但由于地质灾害的复杂性，地质灾害防治关键技术难题仍没有解决，例如地质灾害预警预报临界阈值、地质灾害预警预报模型精度、地质灾害风险识别精度等，地质灾害技术提升严重滞后于地质灾害管理技术的发展，因此，亟须投入大量的资金不断攻关地质灾害防治关键技术，实现技术与管理同步。

2. 地质灾害风险防范区管控需进一步提升动态化、精细化、精准化，实现地质灾害风险双控智能化管控

目前地质灾害风险防范区主要通过风险普查确定，风险防范区危险区经过时间的检验，需要进一步修订危险区范围，威胁对象亦会随着人口的流动发生较大变化，因此需要实现风险防范区的动态化更新管理；地质灾害风险防范区普遍存在范围较大的问题，同一范围内危险程度不一，需要不断提高地质灾害早期识别能力，实现地质灾害精细化分区，实现分层管理；地质灾害风险防范区预警预报是管理主要的风向标，由于地质条件复杂性及地质灾害理论研究的滞后性，因此地质灾害预警预报模型及阈值仍需要不断提升，提高预警预报的精准度。

第11章　宁波市地质灾害风险管控成效总结及展望

3. 地质灾害风险防范区实现人防-技防转变的道路尚需要探索，加强专业监测预警数字化应用实效

近年来随着地质灾害普适性专业监测仪器的推陈出新，地质灾害专业监测实现区域化发展，推进了地质灾害人防到技防的转变。目前，浙江省地质灾害监测预警网络综合监管系统发挥了较好的预警提示作用，但也存在误报警次数较多，风险防范区雨量站点数据未纳入预警预报等问题。建议进一步研究制定专业监测报警阈值及相关规范，优化展示防范区雨量动态数据，为浙江省地质灾害专业监测预警数字化建设提供支撑。同时，切实发挥好地质灾害风险防范区雨量专业监测"点对点"防灾作用，择机扩大雨量专业监测覆盖范围，加强当地历史雨量规律研究，规范专业监测报警阈值设置，加强设施设备运维管理及监测数据"上行"保障工作。

4. 进一步推进省市县三级地质灾害气象风险预警预报成果有效统一管理

目前，浙江省主要实现了省市级地质灾害预警预报。由于省市级预警预报模型及气象预警预报的差异性，省市级地质灾害气象预警预报结果不一致，建议由省级机构制定地质灾害气象预警预报规范，分市县实施，同时建立省市县三级预警统一会商机制，借鉴气象部门、海洋部门等统一会商工作方式，从源头上解决省市县三级地质灾害气象风险预警预报成果不统一的问题。

5. 推进地质灾害防御数字化重点环节提升

以打造省级地质灾害子场景（宁波）统一服务平台为目标，进一步精化、简化和优化场景建设，全面实现乡镇政府负责人、区（县、市）防灾责任人电话叫应叫醒，进一步提升24h、48h、72h等级预报精准度。

主要参考文献

常金源,2015.降雨条件下浅层滑坡稳定性探讨[J].岩土力学,36(4):995-1001.

陈洪凯,魏来,谭玲,2012.降雨型滑坡经验性降雨阈值研究综述[J].重庆交通大学学报(自然科学版),31(5):990-996.

陈剑,杨志法,李晓,2005.三峡库区滑坡发生概率与降水条件的关系[J].岩石力学与工程学报(17):3052-3056.

陈有利,崔飞君,2016.宁波地质灾害气象风险预警方法与实践[M].北京:气象出版社.

方雪晶,王浩,龚匡周,等,2012.渗流作用下花岗岩类土质路堑边坡稳定性分析[J].福州大学学报(自然科学版),40(4):515-520.

郜泽郑,2019.镇江地区降雨诱发滑坡机制与降雨阈值研究[D].南京:南京大学.

何玉琼,徐则民,张勇,等,2012.斜坡失稳的降雨阈值模型及其应用[J].岩石力学与工程学报,31(7):1484-1490.

胡华,吴轩,张越,2021.基于降雨滑坡模拟试验的花岗岩残积土边坡破坏模式分析[J].厦门大学学报(自然科学版)(6):1098-1102.

李东阳,2014.广西花岗岩分布区滑坡地质灾害风险性评价研究[D].南宁:广西大学.

李芳,梅红波,王伟森,等,2017.降雨诱发的地质灾害气象风险预警模型:以云南省红河州监测示范区为例[J].地球科学,42(9):1637-1646.

李环禹,陈朝晖,范文亮,等,2018.区域降雨型滑坡风险分析统计模型研究[J].自然灾害学报,27(4):103-111.

李善峰,2005.崩塌滑坡地质灾害治理方法的研究进展[J].中国地质灾害与防治学报(16):124-126.

李巍岳,刘春,MARCO S,等,2017.基于滑坡敏感性与降雨强度-历时的中国浅层降雨滑坡时空分析与模拟[J].中国科学:地球科学,47(4):473-484.

李晓,1995.重庆地区的强降雨过程与地质灾害的相关分析[J].中国地质灾害与防治学报,6(3):39-42.

李宇梅,杨寅,狄靖月,等,2020.全国地质灾害气象风险精细化网格预报方法及其应用[J].气象,46(10):1310-1319.

刘艳辉,唐灿,李铁锋,等,2009.地质灾害与降雨雨型的关系研究[J].工程地质学报,17(5):656-661.

沈玲玲,刘连友,杨文涛,等,2015.基于TRMM降雨数据的四川省地质灾害降雨阈值分析[J].灾害学(2):220-227.

孙德亮,2019.基于机器学习的滑坡易发性区划与降雨诱发滑坡预报预警研究[D].上海:华东师范大学.

孙强,张泰丽,伍剑波,等,2021.SHALSTAB模型在浙南林溪流域滑坡预测中的应用[J].华东地质,42(4):383-389.

王兰生,李日国,詹铮,1982.1981年暴雨期四川盆地区岩质滑坡的发育特征[J].大自然探索(1):44-51.

韦朝华,2017.降雨对桂东南容县花岗岩残坡积土边坡影响分析与滑坡监测技术研究[D].南宁:广西大学.

魏丽,单九生,边小庚,2006.降水与滑坡稳定性临界值试验研究[J].气象与减灾研究(2):18-24.

魏丽,郑有飞,单九生,2015.暴雨型滑坡灾害预报预警方法研究评述[J].气象,31(10):3-6.

伍剑波,孙强,张泰丽,等,2022.地形起伏度与滑坡发育的相关性:以丽水市滑坡为例[J].华东地质,43(2):235-244.

熊自英,黄少强,胡厚田,2014.花岗岩类土质边坡工程特性及加固方法研究[J].工程地质学报,22(6):1241-1249.

许强,董秀军,李为乐,2019.基于天-空-地一体化的重大地质灾害隐患早期识别与监测预警[J].武汉大学学报(信息科学版),44(7):957-966.

许英姿,卢玉南,李东阳,等,2016.基于GIS和信息量模型的广西花岗岩分布区滑坡易发性评价[J].工程地质学报,24(4):693-703.

薛群威,刘艳辉,唐灿,2013.突发地质灾害气象预警统计模型与应用[J].吉林大学学报(地球科学版),43(5):1614-1622.

杨攀,2015.考虑前期降雨的边坡稳定降雨阈值曲面[J].岩土力学,36(1):169-174.

姚学祥,徐晶,薛建军,等,2005.基于降水量的全国地质灾害潜势预报模式[J].中国地质灾害与防治学报,16(4):97-102.

殷坤龙,陈丽霞,张桂荣,等,2007.区域滑坡灾害预测预警与风险评价[J].地学前缘,14(6):85-97.

余崎丹,张辉,盛永昆,等,2011.楚雄州地质灾害降水特征及气象预警指标研究[J].云南大学学报(自然科学版),33(S1):183-187.

詹良通,李鹤,陈云敏,等,2012.东南沿海残积土地区降雨诱发型滑坡预报雨强-历时曲线的影响因素分析[J].岩土力学,33(4):872-880.

张宝成,2008.基于监测风化花岗岩高边坡的稳定性评价与预测[D].重庆:重庆交通大学.

张凯翔,2020.基于"3S"技术的地质灾害监测预警系统在我国应用现状[J].中国地质灾害与防治学报,31(6):1-11.

张丽红,张新海,蓝海波,等,2020.基于气象预报的山洪地质灾害预警技术研究[J].人民黄河,42(S1):16-17.

张抒,唐辉明,2013.非饱和花岗岩残积土崩解机制试验研究[J].岩石学,34(6):1668-1674.

张泰丽,孙强,李绍鹏,等,2021.浙江飞云江流域玄武岩残积土滑坡降雨入渗柱状实验研究[J].华东地质,42(4):367-372.

张添锋,郭朝旭,2021.福建山区泥石流临界降雨阈值[J].山地学报,39(5):701-709.

张文华,1994.花岗岩残积土的抗剪强度及土质边坡稳定分析[J].水文地质工程地质,21(3):41-43.

张珍,李世海,马力,2005.重庆地区滑坡与降雨关系的概率分析[J].岩石力学与工程学报(17):3185-3191.

赵衡,宋二祥,2011.诱发区域性滑坡的降雨阈值[J].吉林大学学报(地球科学版),41(5):1481-1487.

赵鹏,杨沛霖,蒋莉,等,2017.渝东北地区强降雨诱发地质灾害险情分析[J].长江科学院院报,34(10):50-56.

庄建琦,彭建兵,张利勇,2013.不同降雨条件下黄土高原浅层滑坡危险性预测评价[J].吉林大学学报(地球科学版),43(3):867-876.

ALEOTTI P,2004. A warning system for rainfall-induces shallow failures[J]. Engineering Geology,73(3-4):247-265.

CASADEI M,DIETRICH W E,MILLER N L,2003. Testing a model for predicting the timing and location of shallow landslide initiation in soil-mantled landscapes[J]. Earth Surface Processes and Landforms,28(9):925-950.

CHEN C Y,CHEN T C,YU F C,et al.,2005. Rainfall duration and debris-flow initiated studies for real-time monitoring[J]. Environmental Geology,47(5):715-724.

GUZZETTI F,PERUCCACCI S,ROSSI M,et al.,2007. Rainfall thresholds for the initiation of landslides in central and southern Europe[J]. Meteorology and Atmospheric Physics,98(3-4):239-267.

JEMEC M,KOMAC M,2011. Rainfall patterns for shallow landsliding in perialpine Slovenia[J]. Nat Hazards,67(3):1011-1023.

KIRSCHBAUM D,STANLEY T,ZHOU Y,2015. Spatial and temporal analysis of aglobal landslide catalog[J]. Geomorphology(249):4-15.

LAI F,SHAO Q F,LIN Y,et al.,2021. A method for the hazard assessment of regional geological disasters:a case study of the Panxi area,China[J]. Journal of Spatial Science,66(1):143-162.

NOLASCO-JAVIER D,KUMAR L,2018. Deriving the rainfall threshold for shallow landslide early warning during tropical cyclones:a case study in northern Philippines[J]. Nat Hazards,90(2):921-941.

PANEK T, SILHAN K, TABORIK P, 2011. Catastrophic slope failure and its origins: Case of the May 2010 Girova Mountain long-runout rockslide (Czech Republic)[J]. Geomorphology(130):352-364.

POSTANCE B, HILLIER J, DIJKSTERA T, et al., 2018. Comparing threshold definition techniques for rainfall-induced landslides: a national assessment using radar rainfall[J]. Earth Surface Processes & Landforms, 43(2):553-560.

WANG S, ZHANG N, WU L, et al., 2016. Wind speed forecasting based on the hybrid ensemble empirical mode decomposition and GA-BP neural network method[J]. Renewable Energy(94):629-636.